本书受国家自然科学基金项目资助
(项目批准号：50778086、51668027、51468026、51268022、51308269、51708486)

Doctoral
Thesis
Collection
in
Architectural
and
Civil
Engineering

李龙起　周东华　著

腹板开洞钢‐混凝土连续组合梁试验研究与理论分析

FUBAN KAIDONG GANG‐HUNNINGTU LIANXU
ZUHELIANG SHIYAN YANJIU YU LILUN FENXI

U0190519

重庆大学出版社

内容提要

本书以组合结构中的腹板开洞连续组合梁为研究对象,主要研究了腹板开洞钢-混凝土连续组合梁的受力性能,系统地介绍了腹板开洞对组合梁力学行为的影响以及塑性设计方法在腹板开洞组合梁上的应用。

全书共9章,主要介绍了腹板开洞连续组合梁的研究进展、组合梁的受剪性能、塑性铰类型及内力重分布、组合梁洞口的加固方法,并对组合梁洞口处截面的极限承载力进行了理论推导。另外,为了对相关结果进行验证,还辅之以 ANSYS 有限元数值分析,通过有限元数值模拟对腹板开洞连续组合梁的力学行为进行了较为全面的研究和分析。

本书既可供土木工程及相关专业工程技术人员参考,也可作为理工科院校相关专业高年级本科生、研究生的参考用书。

图书在版编目(CIP)数据

腹板开洞钢-混凝土连续组合梁试验研究与理论分析/李龙起,周东华著. —重庆:重庆大学出版社,2019.6
(建筑与土木工程博士文库)
ISBN 978-7-5689-1650-9

Ⅰ.①腹… Ⅱ.①李…②周… Ⅲ.①钢筋混凝土结构—组合梁—试验研究 Ⅳ.①TU323.3

中国版本图书馆 CIP 数据核字(2019)第 132340 号

腹板开洞钢-混凝土连续组合梁试验研究与理论分析

李龙起 周东华 著
策划编辑:范春青
责任编辑:陈 力 版式设计:范春青
责任校对:王 倩 责任印制:张 策

*

重庆大学出版社出版发行
出版人:饶帮华
社址:重庆市沙坪坝区大学城西路 21 号
邮编:401331
电话:(023)88617190 88617185(中小学)
传真:(023)88617186 88617166
网址:http://www.cqup.com.cn
邮箱:fxk@cqup.com.cn(营销中心)
全国新华书店经销
重庆俊蒲印务有限公司印刷

*

开本:787mm×1092mm 1/16 印张:10.5 字数:265千
2019 年 6 月第 1 版 2019 年 6 月第 1 次印刷
ISBN 978-7-5689-1650-9 定价:48.00 元

前 言

经过近几十年的发展,钢-混凝土组合结构已经发展成为继木结构、砌体结构、混凝土结构、钢结构之后的第五大结构形式。钢-混凝土组合梁作为组合结构中的横向承重构件,充分发挥了钢梁受拉以及混凝土板受压性能良好的优点,具有施工方便、延性好、刚度大的特点,在大跨度桥梁、高层建筑以及公共建筑中已经得到了广泛应用。高层建筑层高的降低可带来工程造价的减少。因此,如能在组合梁的钢梁腹板上开设洞口,不仅方便了横向管道(线)的穿越,还可以降低层高,带来良好的经济和社会效益。

但是,腹板开洞会带来组合梁刚度和受力性能上的极大改变。如不能对其力学性能进行全面的认识,则会给腹板开洞组合梁的设计和施工带来隐患。连续组合梁与简支组合梁相比刚度更大、承载力更高,能跨越更大的空间,除有截面塑性强度储备外,还有超静定的结构塑性强度储备。但由于国内外还未见到对带腹板开洞连续组合梁的研究报道,对其受力特性和破坏模式还了解不多,不仅缺乏相应分析方法和计算理论,也没有相应的规范可以遵循,因此进行该方面的研究就具有一定的紧迫性。

另外,随着人们环保意识的增强以及对结构材料循环使用要求的提高,国家对装配式建筑以及低碳节能绿色建筑的产业政策支持力度不断加大。组合梁通过使用高强螺栓连接可以方便地转变为装配式组合梁,再叠加腹板开洞带来的优势,不仅可以减少 CO_2 排放,还能实现工厂化施工和施工现场装配,经济效益和社会效益在未来会逐渐显现。

综上所述,若能全面深入地掌握带腹板开洞钢-混凝土连续组合梁的受力特性,就能最大限度地减少洞口带来的刚度和强度的损失,从而达到降低层高和节约大量建设资金的目的,本书的编写正是要为这一具有巨大经济潜力的应用前景服务。

本书内容共分为9章,第1章主要介绍了腹板开洞连续组合梁的研究进展;第2章和第3章对腹板开洞连续组合梁分别进行了受剪性能、塑性铰类型及内力重分布的试验研究;第4至第6章则对组合梁开洞连续组合梁进行了 ANSYS 有限元数值模拟,对腹板开洞连续组合梁极限承载力和内力重分布的影响参数进行了全面分析并补充了大量的图表;第7章对腹板开洞组合梁进行了洞口补强方法研究,提出了几种洞口补强的方案;第8章则简要介绍了塑性设计方法在腹板开洞组合梁方面的应用并推导了组合梁腹板洞口截面的极限承载力理论计算公式;第9章对全书的研究内容及未来腹板开洞组合梁的下一步研究内容和方向进行了展望。

本书由李龙起与周东华教授合作完成,主要内容来源于在昆明理工大学承担的科研项目的研究成果,本书的研究工作得到了国家自然科学基金面上项目(项目批准号:50778086)、国家自然科学基金地区科学基金项目(项目批准号:51668027、51468026、51268022)、国家自然科学基金青年基金项目(项目批准号:51308269、51708486)以及昆明理工大学的资助,在此表示衷心的感谢!

  限于作者水平有限,书中难免还有不当或错误之处,敬请广大读者批评指正,也欢迎业内人士共同探讨和交流。

著　者

2019.1

目 录

第1章
绪 论

1.1 钢-混凝土组合结构的发展与应用

1.1.1 钢-混凝土组合结构的特点

钢-混凝土组合结构是由两种或两种以上的建筑材料组成并能够共同受力以及变形相互协调的结构。随着国民经济的发展,人们对建筑空间和建筑面积的使用要求不断提高,从而促使建筑结构不断向着大跨度、大开间、大柱网及多功能方向发展,而传统的结构形式已经不能满足某些方面的要求,于是在钢结构和混凝土结构的基础上逐渐发展出组合结构这一新的结构形式。

钢-混凝土组合结构是继传统的钢木结构、砌体结构和钢筋混凝土结构之后兴起的第5大结构体系。该结构体系通常分为5大类,即钢与混凝土组合梁、压型钢板混凝土组合楼板、钢骨混凝土结构、外包钢混凝土结构及钢管混凝土结构。这种组合结构能够充分发挥钢材(受拉)和混凝土(受压)两种材料各自的优势。与钢结构相比,钢-混凝土组合结构既节约了钢材又能够增加结构的刚度,降低用钢量和工程造价,增加了结构稳定性和耐火能力;与钢筋混凝土结构相比,钢-混凝土组合结构减轻了构件的质量,增大了构件的延性和减少地震作用,并具有更高的强度。

1.1.2 钢-混凝土组合结构的发展

钢-混凝土组合结构在19世纪末就已经存在,由于当时的钢材冶炼技术不高,其主要目的是考虑到结构的防火和防锈蚀,并没有意识到两种材料之间存在的组合作用。英、美等国率先在钢梁与钢柱外面包裹混凝土形成组合梁和组合柱(即劲性混凝土柱);同时为了减轻钢管内部的锈蚀,在钢管内部也开始灌注混凝土(即钢管混凝土柱)。上述两种灌注混凝土的方式都未意识到两种材料之间存在的组合作用,也未能考虑到混凝土对构件承载力和刚度的提高,只是单纯地想要减轻钢管内外部的锈蚀而灌入混凝土或是为了改善钢结构的耐久性能而在其外围包裹混凝土。组合结构的发展历程大致可以总结为以下3个阶段。

(1)第一次世界大战(1914年)前

这一阶段基本上属于组合结构的起步时期,当时人们基本上并未意识到组合作用的存在,只是考虑到结构的防火和防锈蚀。1879年英国的赛文铁路桥在钢管中灌注混凝土用以防止钢管锈蚀。1897年美国人 John Lally 在圆钢管中灌注混凝土作为房屋承重柱(称为 Lally 柱)并获得专利,组合结构(钢管混凝土)的应用正式开始起步。

(2)20世纪20—60年代

在这一阶段,西方国家和日本开始应用组合结构。1918年东京海上大厦开始采用钢-混凝土组合截面形式。1920年,加拿大学者 Mackay 对混凝土内部埋入的钢柱做了试验,发现混凝土能与内置型钢共同作用。1923年,日本发生的关东大地震表明在其他房屋大量破坏的情况下,由型钢混凝土建造的建筑几乎未受损害,从而推动了日本学者对组合结构上的研究热潮,这使日本从此成为世界上研究和使用型钢混凝土结构最多的国家之一。日本建筑学会在1958年制订了《钢骨钢筋混凝土结构计算规程》,1967年制订了组合柱设计规范。

(3)20世纪70年代至今

组合结构的应用领域已经进入高层和超高层建筑、大跨桥梁建筑、地下工程、矿山港口和组合加固及修复等。如位于中国上海陆家嘴的总高为492 m的环球金融中心、位于阿联酋迪拜的总高为828 m的哈利法塔(Burj Khalifa Tower)以及建筑高度为597 m的中国天津117大厦等大量组合结构建筑也已经如雨后春笋般地涌现,如图1.1所示。钢-混凝土组合结构已经发展成为既区别于传统的钢筋混凝土结构和钢结构,又与之密切相关的一门结构学科,其结构类型和适用范围已经涵盖结构工程应用的各个领域。

  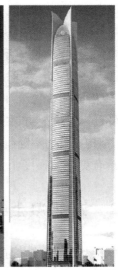

(a)上海环球金融中心　　　　(b)迪拜哈利法塔　　　　(c)天津117大厦

图1.1　组合结构工程实例

1.2 钢-混凝土组合梁的发展与应用

1.2.1 钢-混凝土组合梁的优缺点

钢-混凝土组合梁(Composite Steel and Concrete Beams)是通过抗剪连接件(如栓钉、钢筋和型钢等)将混凝土翼板和钢梁连接起来的结构构件。抗剪连接件不仅可以抵抗混凝土板和钢梁交界面之间的纵向剪力使其不能自由滑移,而且能够抵抗混凝土板与钢梁之间的竖向掀起力。组合梁从截面组成上有效地发挥了钢梁和混凝土的优点。概括来说,钢-混凝土组合梁具有下述优点。

(1)节约钢材

通常,钢-混凝土简支组合梁的高跨比可达 1/16 ~ 1/20,连续组合梁的高跨比可做到 1/25 ~ 1/35,组合梁与钢结构相比,可节省钢材 20% ~ 40%。

(2)提高梁的自振频率

国内实践表明,对于某些承受竖向低频振动荷载的大跨平台结构,当采取纯钢梁的设计方案时,有发生共振的可能。这时可以在不增大钢梁截面尺寸的前提下,将混凝土翼板和钢梁组合,这样可以增大梁的刚度,提高梁的自振频率从而避免共振。

(3)减少结构高度

与钢梁或混凝土梁相比,组合梁的截面惯性矩比钢梁或混凝土梁大很多,从而可以达到增加房屋建筑面积和降低工程造价的目的。

(4)较好的延性和刚度

组合梁的抗地震作用比较好,拥有良好的抗震性能。由于组合作用的存在,组合梁的抗弯刚度增大,挠度减小,承载能力可以增加 20% ~ 30%。

(5)焊接固定管线装置方便

与混凝土梁相比,组合梁除可以省去梁身混凝土外,还可以自由地焊接固定管线的位置。在混凝土电站厂房结构中,埋件用钢量占到全部用钢量的 3.5% ~ 7%,若采用组合梁结构,除可以节约大量钢材外,还可以加快设计与施工速度。

(6)跨度大、稳定性好

由于组合梁可以使结构高度减少 25% ~ 30%,刚度增大 25% ~ 30%,因此,其整体稳定性和局部稳定性大大增强。采用组合梁桥可以在相同的条件下大大减轻桥梁的颤振现象,从而提高桥梁的使用舒适度。

(7)房屋加固改造

组合梁可以用于房屋的加固和改造,既可使施工速度加快,承载力高,又可以保证室内净空。

　　组合梁的不足之处表现在:耐火性能比较差,需要在钢梁表面涂刷耐火材料,从而在一定程度上增加了工程造价;连接件在钢梁的制作过程中需要增加抗剪连接件的焊接工艺,需用专门大功率焊接设备,有的连接件在钢梁就位后还需要进行现场校正。此外,焊接大量的抗剪连接件也会造成钢梁吊装时的行走困难。

　　综上所述,组合梁所具有的缺点与优点相比可谓瑕不掩瑜,组合结构会越来越广泛地应用到实际工程当中。

1.2.2　钢-混凝土组合梁在国外的研究进展

　　钢-混凝土组合梁的研究最早始于 20 世纪 20 年代初,加拿大 Dominion 桥梁公司的 Machay 等人进行了 T 型简支组合梁的试验研究,美国将工字钢翼缘两边剪齿成条状,或将钢梁上翼缘表面做成凹凸不平形状,用以增加其黏结力。同时期,Andrews 提出组合梁计算的弹性理论换算截面法,该方法直到 20 世纪 70 年代还在使用。1922 年,Maining 等对外包混凝土 T 型钢梁进行了研究,研究发现钢梁和混凝土界面上存在的黏结力可以产生组合作用。1923 年,Caughen 进行的 T 型组合梁试验表明组合梁的设计可以按照材料力学方法。

　　20 世纪 30 年代。西方国家首先尝试使用机械剪力连接件对组合梁进行研究。这时,西方国家和苏联等在组合梁研究领域已经积累了一些经验并由此制订了有关组合梁的设计规范或技术规程,但是这些规程大多是针对组合桥梁的。

　　20 世纪 40 年代。美国国家高速公路和交通运输协会 AASHTO 首次将组合梁的相关条文列入其在 1944 年制订的相关规范。德国于 1945 年也颁布有关组合梁的条款。

　　20 世纪 50 年代。Newmark 于 1951 年提出钢梁和混凝土交界面纵向剪力的微分方程解法。该方法通过假定抗剪连接件均匀分布,忽略混凝土翼板和钢梁之间的横向掀起力,考虑了钢梁与混凝土交界面上的相对滑移对组合梁性能的影响,建立了"不完全交互作用理论",但是 Newmark 建立的理论公式偏于复杂故不便于实际应用。同时,美国伊利诺伊大学也进行了组合梁桥剪切连接件的相关试验研究。

　　20 世纪 60 年代。组合梁开始由按弹性理论设计逐步转变为按塑性理论分析。Viest、Chapman、Barnard、Adekola 和 Davies 等对组合梁的基本性能进行了研究。1960 年,Viest 对 185 根钢-混凝土组合梁和 249 个推出试件的试验结果进行了汇总,通过对不同研究人员提出的组合梁弹性承载力、极限承载力以及挠度计算方法的对比分析提出了对预应力组合梁的研究展望。1964 年 Chapman 进行了 17 根简支钢-混凝土组合梁的试验研究,通过变化梁跨度、抗剪连接件类型和间距以及加载方式等得到试件存在两种破坏形态,即混凝土板压溃模式和栓钉破坏模式。试验结果表明组合梁可以按照极限平衡方法设计栓钉连接件以及在计算组合梁的极限承载力时可以忽略纵向钢筋的影响。1965 年,Barnard 的研究发现组合梁按照完全剪切连接计算的理论极限承载力比实测的极限承载力要略大。这是因为抗剪连接件受到界面剪力作用后发生变形,因此交界面上完全没有滑移的组合梁在理论上是不存在的,另一方面由于混凝土翼板和钢梁存在不同的弯曲刚度,在荷载作用下钢梁和混凝土板之间必然要产生竖向掀起作用。1968 年,Adekola 进行了简支组合梁混凝土翼板有效宽度的研究,考虑混凝土翼板内的剪力滞后效应,其提出了截面几何参数与材料特性变化时的有效宽度的计算方法。并在此基础上编制了计算组合梁有效翼缘宽度的数值分析程序,但是其研究成果主要适用于对称加载情况下的简支组合梁。1969 年,Davies 对 7 根简支组合梁进行了试验研究,变化的参数包括抗剪连接件间距以及混凝土翼板的横向配筋率。1969 年,Davies 在试验的基础上提出了简支组合梁纵向抗剪的计算公式,其计算原理是将组合梁总的纵向抗剪能力分解为混凝土和钢筋两部分抗剪能力的叠加。

20 世纪 70 年代。Colville 在 1972 年对曲线组合梁进行了纯扭和弯扭的试验研究。同年,Yam 和 Chapman 进行了两跨等跨连续组合梁的试验研究和数值分析,试验结果表明连续组合梁可以使用简化塑性方法来进行分析,当只在一跨加载时组合梁的承载能力会比两点对称加载时的极限承载力小。这是因为单跨加载在跨中破坏时组合梁就已经丧失承载能力而不能利用连续梁的塑性强度储备。1975 年,Johnson 等提出部分抗剪连接组合梁的极限抗弯承载力和挠度可以对完全抗剪组合梁和纯钢梁的极限抗弯承载力和挠度进行线性插值计算而得。1977 年,Singh 和 Mallick 等人进行了 8 根工字型钢-混凝土组合梁的抗扭试验,结果发现钢梁对组合梁极限抗扭承载力的贡献可以不予考虑。1978 年,Ansourian 等对 6 根钢-混凝土简支组合梁进行了试验研究,并对其进行了弹性和弹塑性数值分析。该项研究考虑了滑移效应和钢梁中的残余应力两个参数对组合梁的影响。试验结果表明,采用 T 型梁理论对组合梁进行弹性分析有一定的误差;当推出试件的荷载-位移曲线已经得到的条件下,对组合梁的非线性分析能够得到比较好的结果;由于滑移的存在使组合梁的截面抗弯刚度降低,从而使其挠度增大。结果还表明残余应力的存在对组合梁的承载能力能够产生一定程度的影响。1979 年,Rotter 等对组合梁的截面特性和延性进行了相关研究。研究通过条带法分析组合梁横截面的延性。并在试验结果的基础上探讨了混凝土翼板尺寸和混凝土强度、翼板配筋、截面相对滑移以及钢梁残余应力等参数对组合梁延性的影响。从 20 世纪 70 年代后期开始,随着有限元理论的迅猛发展,数值分析方法开始广泛地应用到组合梁的研究领域,如 Hirst、Razaqpur、Emanuel 等都将有限元方法运用到组合结构领域并且将其运用到组合梁的弹塑性分析。

20 世纪 80 年代。1980 年,Basu 等在弯曲和扭转荷载作用下进行了 5 根组合梁试验研究,在试验过程中弯矩和扭矩荷载保持恒定增加。1982 年,Clawson 等对 6 根腹板开洞钢-混凝土组合梁进行了试验研究。通过变化腹板开洞的位置研究了不同弯剪比作用下腹板开洞对组合梁受力性能的影响。他们的试验结果显示:腹板开洞后组合梁的破坏模式受到弯剪比的直接影响;同时腹板开洞显著降低了组合梁的极限承载能力,但是最终的破坏形态仍为延性破坏。在此基础上,Clawson 等继续探讨了腹板开洞组合梁的破坏模式,在假定钢梁为理想弹塑性材料且不考虑钢梁应变强化效应前提的基础上提出了承载力分析模型,计算结果与试验结果都表现出较好的一致性。1982 年,Ansourian 等进行了 4 根组合梁正弯矩区转动能力的试验研究。组合梁的延性参数 χ 取值范围为 $0.65 \sim 3.0$,延性参数 χ 定义为钢梁破坏阶段时的应变硬化指标。文献给出钢梁破坏时计算最小非弹性转动和变形的计算公式,同时将其应用于连续组合梁的设计计算。试验结果表明,当连续组合梁的延性参数 χ 不大于 1.4 时,在使用简化塑性理论计算组合梁的极限承载力的时候应考虑组合梁跨度和加载方式的影响并应该有足够的正弯矩区转动能力。同年,Ansourian 还进行了 6 根 9 m 长连续组合梁的试验研究,6 根连续组合梁全部采用密实截面。其中 4 根为 2 跨对称集中加载,这4根组合梁的破坏考虑到了钢梁局部屈曲的影响。其中2根为单跨施加荷载,这两根组合梁对正弯矩区域的转动能力有特别的要求。试验结果表明:

①当连续组合梁的延性参数 χ 大于1.4时,可以使用简化塑性理论进行设计,与跨度和加载方式等无关。

②当组合梁采用密实截面钢梁并拥有足够的抗剪连接件时,即使对塑性铰的转动能力有较高的要求,按照塑性整体分析方法和塑性抗弯承载力进行设计仍然可以有较高的可靠性。1983年,Redwood等进行了腹板开洞简支组合梁的试验研究,该试验重点研究了洞口区域混凝土板和钢梁交界面上剪切连接件的数量和组合作用产生前的荷载对腹板开洞钢梁的影响。试验结果表明,在荷载产生的弯剪比较大的时候,洞口上方栓钉的数量对组合梁的承载力有显著影响,同时还提出了基于上述影响因素的计算模型,但是该计算模型偏于保守。1987年,Basu等进行了两跨连续部分预应力组合梁的试验研究,连续梁为两跨等跨度(每跨长度为5.49 m)。通过在组合梁负弯矩区施加预应力,研究了组合梁负弯矩区的力学行为。

20世纪90年代。1990年,Wright通过对8根部分抗剪连接件的钢-压型钢板混凝土简支组合梁进行的试验研究发现:组合梁中抗剪连接件的刚度比推出试件中抗剪连接件的刚度要大,在抗剪连接程度比较低的情况下,需要考虑抗剪连接件的非线性关系。1991年,Bradford和Mark Andrew等进行了4根简支组合梁的试验研究。其中两根组合梁施加均布加载,两根组合梁在自身自重荷载下持荷200 d以观察混凝土板的收缩和徐变,并将观测结果与设计预测值进行了对比,分析显示两者有比较好的一致性。1995年,Kemp等进行了7根连续组合梁的非弹性性能试验研究。试验研究对象为连续组合梁由于局部屈曲和侧向屈曲引起的应变弱化。试验结果表明:在延性性能上,组合梁与同样截面大小的钢梁相比,其需要更大的截面转动能力。组合梁的转动能力与钢梁的截面受压高度和负弯矩区的横向长细比有密切关系。1997年,Bradford和Andrew等对T型组合梁进行研究发现:混凝土板的收缩对组合梁的正常工作极限状态存在不利影响。文献还给出了计算独立组合梁收缩的理论公式。同年,Richard和Yiching等通过对44根钢-混凝土简支组合梁在静力及疲劳荷载作用下的试验结果汇总,得到以下结论:组合梁在疲劳荷载作用下混凝土翼板首先开裂出现裂缝,裂缝的扩展最终导致试件破坏,部分疲劳试验中抗剪连接件周围混凝土被压溃,疲劳试验中组合梁的抗弯刚度逐渐减少,完全抗剪连接组合梁与80%抗剪连接程度的组合梁在疲劳试验中的受力性能相差不大。1999年,Thevendran等运用有限元分析软件ABAQUS建立简支曲线型组合梁的三维计算模型,模型采用壳单元模拟钢梁和混凝土板,用刚性单元模拟栓钉。2000年,Thevendran还对5根简支曲线组合梁进行了试验研究,研究结果表明曲线型组合梁的抗弯承载力随梁跨度与曲线半径比的增加而减小,试验结果与有限元分析结果取得了比较好的一致性。同年,Manfredi和Gaetano等通过试验发现,在很低的应力水平时,组合梁负弯矩区就表现出了很强的非线性性能。同时发现影响该性能的因素不仅包括组合梁交界面上的相对滑移,而且混凝土翼板的裂缝也对组合梁产生了一定的影响。1999年,Fabbrocino等通过研究发现混凝土板和钢梁的抗剪连接件在很大程度上影响了组合梁的整体工作性能。因此,采用怎样的模型来模拟剪切连接成为至关重要的问题,同时他还给出了剪切连接件受力和界面相对滑移的非线性关系表达式。

21 世纪至今。2004 年,Fragiacomo 等通过改进的切线刚度法分析了混凝土和钢梁的非线性行为,探讨了混凝土的流变特性、连接件的柔性以及材料的非线性行为对组合梁的影响。2006 年,Corini 等通过建立有限元模型分析了组合梁的长期工作性能。2011 年,Zona 等通过建立相对精确的分析模型分析了在部分交互作用下钢-混凝土组合梁在弯曲和剪切共同作用下的性能。2013 年,Lin,Weiwei 等通过 8 根组合梁试验研究了在疲劳和负弯矩条件下组合梁的力学性能。探讨了加载方式、剪切连接件(studs 和 PBLs)、橡胶涂层和钢纤维混凝土(SFRC)等几个因素对组合结构力学性能的影响。试验结果表明 AASHTO 规范(美国公路桥梁设计规范)中的荷载和抗力系数条文对承受负弯矩的组合梁取值是偏于保守的。

1.2.3 钢-混凝土组合梁在国内的研究进展

1.2.3.1 钢-混凝土组合梁在国内的应用

组合梁在国内的研究与应用起步较晚。20 世纪 50 年代,我国在桥梁工程中首次采用组合结构,还编制了公路铁路组合梁桥的标准图集,同时对房屋建筑中应用组合梁结构进行了研究。如横山钢铁厂电炉平台、唐山陡河电厂、太原第一热电厂五期工程中的组合楼层选用了叠合板组合梁;北京国际技术培训中心的两栋 18 层塔楼,楼盖结构采用冷弯薄壁型钢与混凝土简支组合梁;沈阳红阳二井井塔采用了钢-混凝土组合梁,成功地解决了井塔抗震的问题;承德钢厂采用了 18 m 跨度的钢-混凝土组合吊车梁,比全钢吊车梁节省钢材用量约 20%;北京西客站主楼采用预应力钢-混凝土组合梁和预应力钢桁架;在我国改革开放以前,虽有少数工程曾经应用过钢-混凝土组合梁,但当时并未考虑其组合效应,而仅把它作为强度储备提高安全度或者是为了方便施工而已,当时我国有关设计规范也都未涉及钢-混凝土组合梁的设计内容。目前,我国的钢-混凝土组合梁桥多应用于城市立交桥及高速公路的跨线桥,如武汉长江大桥在上层公路桥的纵梁与公路面混凝土采用背贴背的 T 型连接铆在纵梁上;京广线信阳站附近十字江上架设有 32 m 跨径的简支组合板梁桥;山西阳泉建成跨度为 48 m 的简支组合板桥;1993 年建成的北京国贸桥,主跨全部采用了钢-混凝土叠合板连续组合梁;2001 年,钢-混凝土叠合板组合梁成功应用于北京机场高速路辅路苇沟桥的加固改造;跨径 423 m 的上海南浦大桥和跨径 602 m 的杨浦大桥均采用钢-混凝土组合梁的斜拉桥;2013 年建成的全长 2 708.07 m,共 77 孔跨的跨兰西高速公路特大桥是国内首次采用 1 联(80 m + 168 m + 80 m)的连续梁-钢桁组合结构。

1.2.3.2 钢-混凝土组合梁在国内的研究

1978 年以来,原郑州工学院、哈尔滨建筑工程学院、山西省电力勘测设计院、华北电力设计院和清华大学等单位曾先后对钢-混凝土组合梁进行了研究和应用,取得了一系列具有重要理论意义和实用价值的成果。20 世纪 80 年代,我国对组合梁的研究还主要以试验研究和理论分析为主,主要包括:

①研究简支组合梁的抗弯承载力、刚度和滑移对组合梁的影响;

②研究栓钉、弯筋、槽钢及方钢剪力连接件在普通混凝土中的工作性能,探讨组合梁的破坏形态、极限承载力、荷载与滑移的关系等;

③研究连续组合梁的性能,探讨了连续组合梁的内力重分布规律、负弯矩区的承载力、裂缝宽度和钢梁局部稳定性的问题。如朱聘儒、聂建国、殷芝霖、丁遂栋、张少云等通过理论分析、真型试验和计算机模拟,回答了在钢-混凝土组合梁的设计和工程应用中最受人关注的组合梁的工作性态和实用分析方法、连接件的工作特性及其对组合梁工作性能的影响和连接件的设计问题,为进一步的理论和试验研究提供理论研究基础,并为这种组合梁的工程设计提供了依据。高向东等则研究了钢-混凝土连续组合梁的相关性能。

20 世纪 90 年代,组合梁在我国的研究工作进入了比较重要的发展阶段。聂建国等于 1991 年通过钢-混凝土组合梁的试验,研究了成组剪力连接件的实际工作性能和承载能力,提出了一种利用试验结果计算剪力连接件实际承载力的方法。试验和计算结果表明,剪力连接件在组合梁中的实际承载力比推出试验得到的承载力要高(8% ~ 35%)。研究还表明我国《钢结构设计规范》(GBJ 17—88)所建议的槽钢和栓钉剪力连接件承载力计算公式是偏于安全的。1995 年,考虑到钢梁和混凝土之间的相对滑移效应使钢-混凝土组合变形增大以及组成梁变形计算的现行换算截面法未考虑滑移效应,导致变形值偏小、偏于不安全,聂建国等系统地提出用折减刚度法考虑滑移效应对组合梁变形的影响,建立了刚度折减系统的简化实用计算公式。利用该方法算得的组合梁在使用荷载作用下的挠度计算值与试验结果吻合良好。1997 年,聂建国等结合国家某重点建设项目工程对钢-混凝土组合梁混凝土翼缘板的纵向抗剪性能进行了 8 根两点对称集中加载组合梁的相关试验研究,分析了组合梁纵向开裂的主要影响因素,建立了组合梁纵向抗剪计算模型的计算公式,对组合梁纵向抗剪计算和横向钢筋设计具有很实用的参考价值。1998 年,在对 12 根组合梁的研究和参考国内外组合梁试验结果的基础上,聂建国等建立了截面屈服曲率和极限曲率及等效塑性铰长度的计算公式。根据这些公式得到的组合梁屈服挠度和极限挠度计算值与实测值吻合较好。1998 年,考虑到钢梁和混凝土之间的相对滑移效应使钢-混凝土组合梁变形增大,刚度降低,按现行换算截面法计算组合梁的刚度值偏大,变形测算偏于不完全,聂建国等建立了考虑滑移效应的钢-混凝土组合梁短期和长期刚度计算公式,并建立了刚度折减系数的简单实用表达式。1998 年,聂建国等人开始专注于组合梁抗震性能的试验研究,完成了 6 根钢-混凝土叠合板组合梁在低周反复荷载作用下的试验研究。研究结果表明,钢-混凝土叠合板组合梁具有良好的整体性能及抗震性能,同时给出了组合梁的变形延性指标和刚度折减系数等计算公式。

1995 到 1997 年,王连广等以钢-轻骨料混凝土组合梁和火山渣混凝土组合梁为研究对象,得出了栓钉、弯筋、方钢和槽钢连接件在火山渣混凝土中的荷载-滑移方程,并从理论和试验两个方面验证了组合梁交界面相对滑移方程的准确性。

陈世鸣等提出用截面曲率延性 K_1、K_2 和 K_3 的概念来描述二类截面局部失稳对连续组合梁内力重分布的影响,采用非线性增量迭代法,分析了 36 组二跨连续组合梁承受均布荷载时弯矩重分布的情况。研究表明,可采用对中间支承负弯矩处的弯矩调幅 30% 来等效二类截面连续组合梁的局部失稳。

1998 年,王力等通过建立组合梁的连接单元模型并推导出单元刚度矩阵,对钢-混凝土组合梁的滑移和掀起利用有限单元法进行了分析。

近年来,我国许多的科研院所和大中专院校将组合梁的研究重点集中到以下几个方面:

①对钢-混凝土组合梁负弯矩区的研究;

②对梁柱节点的研究;

③对钢与高强混凝土组合梁工作性能的探讨;

④对钢与预应力组合梁的工作性能及组合梁的非线性性能的研究。

另外,对比较成熟的组合梁变形性能的相关理论研究也出现了一些相当新的计算观点和理论补充,现简要阐述如下:

①钢-混凝土组合梁负弯矩区研究:例如聂建国、余志武和陈世鸣等对组合梁负弯矩区的刚度、裂缝宽度及承载力等进行了相关试验研究。聂建国等结合试验结果与理论分析探讨了钢-混凝土组合梁在负弯矩作用下钢梁与混凝土板之间的滑移效应以及混凝土与纵向钢筋之间的黏结滑移对截面刚度的影响,建立了考虑两种滑移效应的受力模型。结果表明,滑移效应能够产生附加曲率,使组合梁的截面刚度比按照换算截面法得到的刚度降低 10% ~ 20% 。余志武等通过对 18 根部分预应力钢-混凝土组合梁负弯矩区的受力性能试验研究得出,影响裂缝宽度的主要因素为负弯矩区的综合力比。同时给出了部分预应力钢-混凝土连续组合梁负弯矩区裂缝宽度的经验公式。陈世鸣等研究了负弯矩作用下体外预应力组合梁的开裂和极限承载力。研究结果表明,对负弯矩区组合梁施加体外预应力可有效提高截面的开裂弯矩。

②梁柱节点的研究:陆铁坚等进行了端板螺栓连接的钢-混凝土组合梁与混凝土柱节点的低周反复荷载试验,深入分析了其受力过程、滞回曲线、破坏形态、骨架曲线、延性等抗震性能。

③高强混凝土组合梁工作性能的探讨:聂建国等完成了 8 根钢-高强混凝土组合梁在跨中两点对称荷载作用下的试验,研究了钢-高强混凝土组合梁在静载作用下的抗弯性能,对现行规范中有关组合梁正截面受弯承载力计算公式进行了修正,为高强混凝土在钢-混凝土组合梁中的应用提供了依据。

④预应力组合梁的工作性能:聂建国、余志武和陈世鸣等通过试验研究了钢与预应力组合梁的工作性能,研究成果为我国预应力组合梁的设计和施工提供了相关借鉴。

⑤新的计算观点和理论补充:聂建国、周东华、申志强和胡夏闽等针对组合梁提出了一些比较实用和新型的计算方法。如聂建国等对简支单向组合梁-板体系在横向荷载作用下翼缘板中存在剪力滞后现象进行了研究并拟合出了有效宽度的简化计算公式。周东华等基于《钢结构设计标准》(GB 50017—2017)的计算组合梁挠度的抗弯刚度折减法提出了一种计算方便、概念清晰、计算精度较高的有效刚度法。申志强采用弱形式求积元法对界面滑移钢-混凝土组合梁的剪力滞及收缩徐变效应进行了计算分析。胡夏闽在试验研究的基础上,以组合梁微段为受力单元,推导了跨中集中荷载、两点对称集中荷载以及满跨均布荷载 3 种工况下的截面附加曲率方程。根据曲率等效原则,提出了考虑交界面相对滑移的组合梁截面抗弯刚度的计算公式。

1.3　腹板开洞组合梁的研究概况

由于钢-混凝土组合梁具有优良的特性(1.2.1 节),促使组合梁在国内外的应用越来越广泛。同时,考虑到组合梁中型钢钢梁经常暴露在外,于是让人联想到能否在型钢钢梁腹板上开洞以方便水、电、暖、通信等管线穿越以减少层高,降低净空,从而得到显著的经济效益和社会效益。为此,国内外研究者开始将目光转到腹板开洞组合梁的研究上来。

1.3.1　腹板开洞组合梁变形特征

下面首先通过一组简支组合梁在钢梁腹板开有大洞口(300 mm×150 mm)情况下的组合梁洞口处破坏形态的图片来展示一下腹板开洞组合梁的基本性能,其中 A1 为腹板未开洞简支组合梁,其余为腹板开洞简支组合梁,如图 1.2 所示。从图中可以看出,5 根腹板开洞简支组合梁(A2～A4、B1～B2)在洞口处的破坏形态全部表现为空腹剪切破坏:破坏时洞口钢梁发生明显剪切变形,洞口上方混凝土翼板被剪裂。洞口处的这种破坏形态已经被国内外许多试验所证实,并且是一种典型的基于空腹机制(Vierendeel Mechanism)的四铰空腹破坏模式。

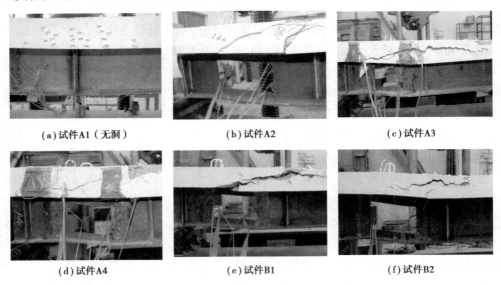

| (a) 试件A1(无洞) | (b) 试件A2 | (c) 试件A3 |
| (d) 试件A4 | (e) 试件B1 | (f) 试件B2 |

图 1.2　简支组合梁洞口破坏图

1.3.2　腹板开洞组合梁的试验研究

由于国内外对腹板开洞组合梁的研究起步时间较晚,因此这里把国内外对腹板开洞组合梁试验研究的进展综合到一起加以阐述。对腹板开洞最早的是针对混凝土梁开洞和钢梁开洞的试验研究,我国最早研究混凝土腹板开洞的试验始于 20 世纪 80 年代。直到 20 世纪 80 年代,国外才开始见到针对腹板开洞组合梁的研究报道。1982 年,Clawson 等进行了 6 根腹板开洞组合梁的试验研究。试验结果显示弯剪比(M/V)对开洞组合梁的破坏模式影响很大。即当弯剪比较大时,组合梁发生弯曲破坏;当弯剪比较小时,组合梁发生剪切破坏。1988 年,Donahey 和 Darwin 等做了 15 根足尺腹板开洞压型钢板简支组合梁的试验研究。试验重点研究了弯剪比、栓钉数量和布置位置、压型钢板厚度和板肋方向对组合梁受力性能的影响。试验结果显示,组合梁的极限承载力与混凝土板的破坏方式有关。Narayanan 和 AL-Amery 则研究了腹板开洞简支组合梁的抗剪性能。1990 年,Darwin 和 Lucas 针对组合梁腹板无补强和带补强的洞口提出了统一的设计方法,同时对通用的计算组合梁极限剪力和弯矩的方法进行了总结。针对 Darwin 和 Donahey 提出的计算洞口处承载力的弯矩-剪力相关曲线中在具体计算 M_{m} 和 V_{m} 时乘的折减系数 φ 值,推荐使用 0.85。在德国以 Kaiserslautern 大学为代表的科研院所在腹板开洞组合梁上也进行了比较多的试验,并取得了很多研究成果。2011 年,顾祥林和陈涛等进行了 4 根简支带伸臂组合梁研究,其中 3 根为腹板开洞伸臂梁,研究重点为负弯矩区组合梁的受力性能,试验结果表明负弯矩区洞口的破坏形态也是典型的剪切破坏。2013 年,周东华和王鹏等进行了 5 根带腹板开洞简支组合梁和 1 根腹板无洞连续组合梁的对比试验研究。研究重点是组合梁洞口区域混凝土板和钢梁对截面抗剪的贡献。研究结果表明洞口区域混凝土板承担了约 60% 的截面剪力,证明《钢结构设计标准》(GB 50017—2017)有关组合梁的条款对腹板开洞简支组合梁不再适应。

1.3.3 腹板开洞组合梁的理论研究

为了设计更加安全可靠的腹板开洞组合梁,找到比较合适的计算洞口区域截面承载力的计算模型则成为 20 世纪 80 年代世界各国研究者努力的方向。为此,不少学者相继提出了洞口处截面承载力的简化计算模型。本书列出了一些学者提出的具有标志性的理论模型和计算方法,现按照时间顺序简要叙述其发展历程如下。

1.3.3.1 腹板开洞组合梁洞口强度模型

(1)Todd 和 Cooper 模型(1980)

Todd 和 Cooper 针对无补强矩形洞口组合梁提出一简化的洞口处内力的计算方法。该方法假定腹板开洞组合梁的剪力全部由钢梁承担,混凝土板只承担小部分轴向力。但是由于在模型中没有考虑混凝土翼板的抗剪能力,因此计算结果偏于保守。

(2)Swartz 和 Eliufoo 模型(1980)

在假设混凝土不开裂的条件下,采用弹性换算截面法来计算腹板开洞组合梁的受力能够满足要求。但是该假设用于考虑混凝土开裂和空腹机制影响下的腹板开洞组合梁却不能得到理想的结果。因此为了解决上述问题,Swartz 和 Eliufoo 提出了相关计算公式。

(3)Clawson 和 Darwin 模型(1982)

Clawson 和 Darwin 进行了 6 根腹板开洞组合梁的试验研究。试验结果表明组合梁洞口处的破坏模式与组合梁的弯剪比存在很大关系。他们在 Todd 和 Cooper 的假定基础上考虑了混凝土板的抗剪和抗弯能力,计算结果相比 Todd 和 Cooper 提出的计算方法也相对精确。但是

Clawson 和 Darwin 所建议的方法计算比较烦琐,不便应用。本书建议为了获得比较真实的计算结果,在腹板组开洞合梁的计算中必须考虑混凝土翼板对抗剪的贡献。

（4）Donoghue 模型（1982）

与 Todd 和 Cooper 模型比较相似的就是 Donoghue 提出的另一个计算模型。该 Donoghue 模型研究的是腹板带补强洞口的组合梁,该模型同样不考虑混凝土板的抗剪贡献。与 Todd 和 Cooper 模型稍微不同的是 Donoghue 用了更加简化的公式推导了组合梁洞口处的最大弯矩以及 M-V 相互关系曲线。

（5）Redwood 和 Poumbouras 模型（1983—1984）

Clawson 和 Darwin 提出的 M-V 相关关系曲线虽然考虑了混凝土翼板的抗剪作用,但是其计算不便,需要进行迭代计算。Redwood 和 Poumbouras 提出:只需确定 M_m、V_m 和 M'_m 3 个未知量就可以确定洞口处 M-V 相关关系曲线。Clawson 和 Darwin 提出的模型曲线由二次曲线和一直线段组成,如图 1.3 公式所示。其中直线段通过 (V_m, M'_m) 和 $(V_m, 0)$ 两点,二次曲线通过 (V_m, M'_m) 和 $(0, M_m)$ 两点。M_m 为完全组合作用下组合梁洞口中心截面处的纯弯承载力;V_m 代表洞口中心截面处的纯剪承载力;M'_m 为不完全组合作用下组合梁洞口中心截面处的纯弯承载力。

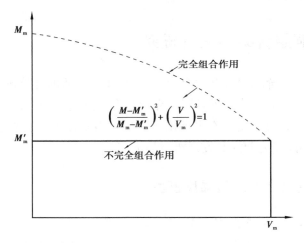

图 1.3　洞口剪力-弯矩相关曲线

（6）Darwin 和 Donahey 模型（1988）

1988 年,Darwin 和 Donahey 在 Redwood 和 Poumbouras 模型的基础上进一步完善了弯矩-剪力（Moment-Shear interaction）相关关系,提出用图 1.4 中的三次曲线代替图 1.3 中的二次曲线模型。该模型同时适应于腹板开洞压型钢板组合梁和现浇钢筋混凝土组合梁。该模型的优点是与 Redwood 和 Poumbouras 模型相比,其计算简便、概念清晰和计算精度较好。其中,图 1.4 中各参数的物理意义为:M_m 代表洞口中心截面处的纯弯承载力;V_m 代表洞口中心截面处的纯剪承载力;M_n 代表洞口中心截面处的设计弯矩值;V_n 代表洞口中心截面处的设计剪力值;点 1 和点 2 代表满足设计要求的区域,点 3 代表不满足设计要求的区域。

下面列出 Darwin 和 Donahey 给出的 M-V 关系曲线表达式:

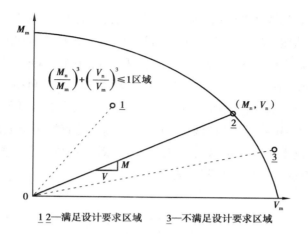

$\underline{1}$ $\underline{2}$—满足设计要求区域　　　$\underline{3}$—不满足设计要求区域

图 1.4　洞口剪力—弯矩相关曲线

$$\left(\frac{M_{\mathrm{n}}}{M_{\mathrm{m}}}\right)^{3} + \left(\frac{V_{\mathrm{n}}}{V_{\mathrm{m}}}\right)^{3} \leqslant 1 \tag{1.1}$$

Darwin 和 Donahey 的试验结果与公式(1.1)计算结果吻合较好。对任意弯剪比的腹板开洞简支组合梁($\lambda = M_{\mathrm{n}}/V_{\mathrm{n}}$),$M_{\mathrm{n}}$ 和 V_{n} 的值容易确定。

美国规范已经列出相关计算图表可供查用。同时,Darwin 和 Donahey 还推荐在具体计算 M_{m} 和 V_{m} 时乘以一个系数 φ 进行折减,美国规范和 Darwin 及 Donahey 推荐的折减系数 φ 取值为 0.85,而澳大利亚相关规范则建议 φ 取值为 0.9。M_{m} 和 V_{m} 乘以折减系数 φ 后弯矩-剪力(Moment-Shear interaction)相关关系表达式变为:

$$\left(\frac{M_{\mathrm{n}}}{\varphi M_{\mathrm{m}}}\right)^{3} + \left(\frac{V_{\mathrm{n}}}{\varphi V_{\mathrm{m}}}\right)^{3} \leqslant 1 \tag{1.2}$$

根据洞口的位置确定洞口中心处的弯剪比 $\lambda = M_{\mathrm{n}}/V_{\mathrm{n}}$ 后,将弯剪比的表达式代入式(1.2)可得:

$$M_{\mathrm{n}} \leqslant \varphi M_{\mathrm{m}}\left[1 + \left(\frac{M_{\mathrm{m}}}{\lambda V_{\mathrm{m}}}\right)^{3}\right]^{-\frac{1}{3}} \tag{1.3}$$

$$V_{\mathrm{n}} \leqslant \varphi V_{\mathrm{m}}\left[1 + \left(\frac{V_{\mathrm{m}}}{\lambda M_{\mathrm{m}}}\right)^{3}\right]^{-\frac{1}{3}} \tag{1.4}$$

在计算 M_{m} 和 V_{m} 时可以使用常见的矩形应力图方法来进行,具体的计算过程可参见相关文献推导。

(7)Soon Ho 和 Redwood 桁架模型(1992)

Soon Ho 和 Redwood 采用理想化的桁架模型理论分析了组合梁洞口处的传力机制。抗剪连接件栓钉在桁架模型中可看作受拉构件。从栓钉顶部到钢梁上翼缘之间的斜向混凝土可看作斜向受压构件。通过桁架模型可以计算腹板开有大洞口的组合梁的极限承载力。

(8)DongHua-ZHOU 弯矩-剪力-轴力模型(1998)

组合梁开洞后,洞口区域内力变为三次超静定,因此洞口区域的上部或下部 T 形截面的内力(包括轴力、剪力和次弯矩)成为多余的未知量,采用通常的计算方法已经不能解出上述未知力。周东华通过虚拟应力图法推导了腹板洞口未补强情况下的洞口区域 4 个角点处的次弯矩

M_i, ($i = 1,2,3,4$)解析表达式并考虑钢梁腹板和混凝土翼板的正应力折减可得到图1.5中所示截面的轴力-次弯矩相关曲线(图1.5由图1.6所示洞口处截面参数计算而得)。图中, M_1和M_2为上方右截面和左截面的次弯矩, M_3和M_4为下方右截面和左截面的次弯矩。从图中可以发现:洞口上方截面因轴力得不到平衡,相关曲线有一部分是无效的,即有一不可用区域。

有了各截面相关曲线的计算表达式,再考虑洞口左右端全截面的平衡,便可得到全截面上的剪力-弯矩-轴力(V_g-M_g-N)相关曲线(图1.7),该曲线可直接用于工程设计。上述曲线是在假定组合梁的洞口位于正弯矩区条件下推导而得,对洞口位于负弯矩区的情况则不再适应,并且只适应于腹板洞口无加强的组合梁承载力计算。

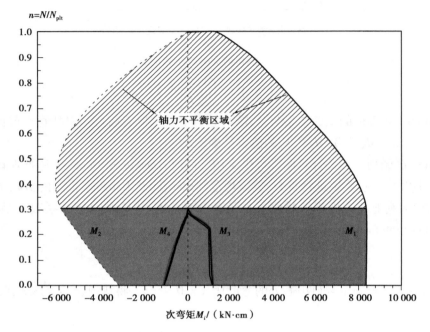

$\sigma_{yf} = \sigma_y = \sigma_s = 21 \text{ kN/cm}^2 ; \sigma_c = 2.1 \text{ kN/cm}^2 ;$

$A_s = 11 \text{ cm}^2 ; a = 50 \text{ cm}$

图1.5 洞口轴力-次弯矩相关曲线

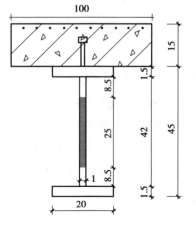

图1.6 洞口截面参数(单位:mm)

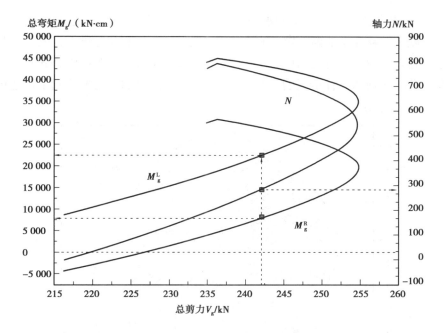

图 1.7　洞口全截面上的剪力-弯矩-轴力相关曲线

（9）王鹏带加劲肋腹板洞口弯矩-剪力-轴力模型（2013）

图 1.9 是在图 1.8 的基础上通过在洞口上下方对称焊接纵向加劲肋的截面示意图。王鹏等通过虚拟应力图法推导了带加劲肋腹板洞口中心处 4 个角点的次弯矩函数公式。根据其推导的次弯矩函数,本书以图 1.9 所示的洞口截面尺寸给出了该种截面尺寸情况下的轴力-次弯矩-剪力的相互关系图,如图 1.10 和图 1.11 所示。其中 n 为无量纲轴力;N_{plt} 为组合梁横截面最大塑性轴力;N 为受力过程任一状态时的洞口处截面轴力;V_t 为洞口上方截面的剪力;V_b 为洞口下方截面的剪力,$V_g = V_t + V_b$ 为组合梁洞口区域的总剪力。

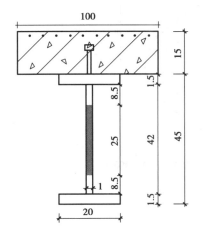

图 1.8　洞口无补强截面参数（单位:mm）

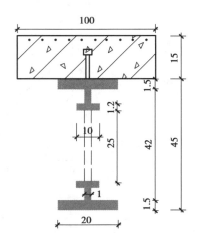

图 1.9　洞口带补强截面参数

图 1.10 和图 1.11 可以看出,组合梁洞口区域采取加劲肋进行补强后能够在很大程度口区域的刚度和增强其局部稳定性,并可以进一步提高洞口区域的抗弯和抗剪承载进一步说明了对组合梁腹板洞口进行加强的重要性。因此,在连续组合梁腹板上

开洞后,为了弥补开洞给组合梁带来的承载力、洞口区域刚度和局部稳定性的降低,对组合梁腹板的洞口区域进行补强是非常有必要的。但上述公式的推导也是建立在洞口设置在正弯矩区的假定基础之上,对洞口设置在负弯矩区的情况则不再适应,而且该公式只适应于在洞口上下方设置纵向加劲肋这种情况的计算,对其他类型的洞口加劲肋形式则不再适用。

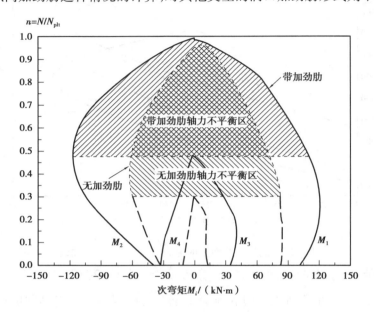

图 1.10　轴力-次弯矩相关曲线

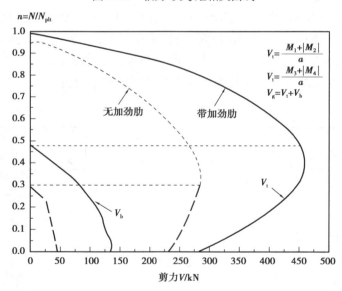

图 1.11　轴力-剪力相关曲线

1.3.3.2　腹板开洞组合梁挠度模型

Donahey、Enitez 和 Darwin 以及 Redwood,Richard Cho,Soon Ho 等都进行了腹板开洞简支组合梁在弹性阶段的挠度计算方法的研究。公认的计算腹板开洞简支组合梁挠度 $\bar{\delta}(x)$ 由以下 3 部分挠曲变形叠加而成：

　　a. 腹板无洞组合梁的挠度 $\delta_1(x)$；

　　b. 次弯矩引起的腹板开洞组合梁的附加挠度 $\delta_2(x)$；

　　c. 剪切变形引起的腹板开洞组合梁的附加挠度 $\delta_3(x)$。

　　即，$\overline{\delta}(x) = \delta_1(x) + \delta_2(x) + \delta_3(x)$。腹板开洞组合梁的挠度计算简图如图 1.12 所示。

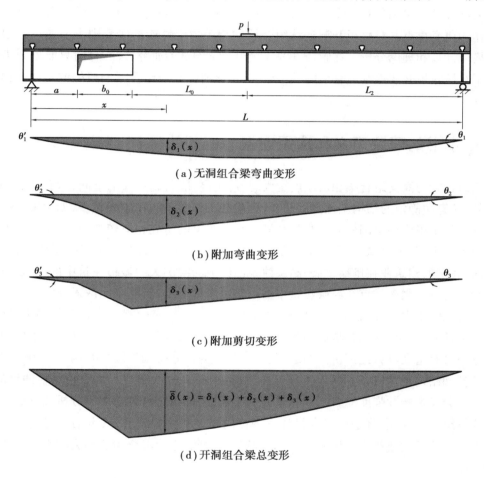

图 1.12　腹板开洞简支组合梁的挠度计算

1.4　课题研究的背景及意义

1.4.1　研究问题的提出

　　钢-混凝土组合梁具有施工速度快、承载力高、延性和抗震性能好、适合于荷载大、跨度大等特点，由于组合梁在受力性能、施工速度及经济效益上所具有的优点，现在组合梁已经成为组合结构中应用最为广泛的结构形式之一，尤其是在高层及大跨度公共建筑中的应用。然而，在这类建筑中常常有很多各种纵横穿越的（水、电、暖）等管道设施，若在组合梁的钢梁腹板上开洞让这些管道穿过,可降低层高从而降低工程造价以获得较高的经济效益。因此,实践中是非常希望在钢梁的腹板上开洞,甚至是开大洞并且多开洞的,但是如何解决腹板开洞后带来的受力改变(承载力降低和变形增大等)及其相关计算问题? 目前在这方面的研究主要是针对简支组合梁,如顾祥林等对简支伸臂梁负弯矩区的洞口受力特性做了研究;周东华等对简支腹板开洞组合梁洞口处剪力传力机制及承载力进行了研究并得到计算洞口区域截面承载力的计算方法和公式。Clawson 和 Darwin,Redwood,Chung 和 Liu 等也将腹板开洞简支组合梁作为研究重点。对腹板开洞连续组合梁的相关力学性能的研究则主要通过有限元进行数值模拟计算和理论分析。在腹板开洞连续组合梁的试验研究方面,目前只能见到 Torsten 等进行了 6 根腹板开洞连续组合梁的试验研究,但该研究只对组合梁洞口处的塑性铰模型进行了研究。

1.4.2　本书的研究意义和应用前景

连续组合梁与简支组合梁相比刚度更大、强度更高,能跨越更大的空间,除有截面塑性强度储备外,还有超静定的结构塑性强度储备,因此在工程中的应用越来越多,如图 1.13 所示。但由于现在无论国内还是国外对带腹板开洞连续组合梁的研究相对较少,对其受力特性和破坏模式还了解不多,不仅缺乏相应分析方法和计算理论,而且也没有相应的规范可以遵循。另一方面,我国的建筑业在迅猛发展,高层建筑已经成为我国大中城市建筑中的主流,连续组合梁由于其自身的很多优点在高层建筑中被越来越多地应用,若能全面深入地掌握带腹板开洞连续组合梁的受力特性,就能最大限度地减少由于洞口带来的刚度和强度的损失,就能在梁的腹板上开洞,甚至开大洞,从而达到降低层高和节约大量建设资金的目的,本书的出版正是要为这一具有潜在巨大经济价值的运用前景服务,为充分挖掘带腹板开洞连续组合梁的截面强度储备和结构强度储备去深入工作,以求取得突破。争取实现双重节约材料的目的(降低层高和充分挖掘塑性强度储备);从科学意义上看,若解决塑性理论用于分析和计算带腹板开洞的连续组合梁问题,将是对组合梁计算理论的扩展和完善。另外,本书所述内容的实施也将有助于一些后续或将来的研究工作,如对带腹板开洞连续组合梁的动力特性和抗震性能等方面的研究。

图 1.13　腹板开洞组合梁的实际应用

1.5　本书的主要研究方法和内容

1.5.1　本书的研究方法

研究工作从以下两个方面进行：

一是开展试验室试验，从试验中可直接得到试件宏观的受力表现，如梁上何处首先发生破坏和什么类型的破坏？是否还有别的地方也出现了破坏？通过记录试件的荷载-挠度曲线可以得到连续组合梁的两个重要指标(承载力和变形能力)。利用所贴的电阻应变片，可以获取局部的应变(或应力)的大小和分布情况，如洞口角点区域应力集中和塑性区的发展和大小、洞口处钢梁的屈服情况、洞口上方混凝土板和中间支座混凝土板及板中钢筋应力的大小和分布，以便确定洞口处和中间支座是否出现了塑性铰，以及出现塑性铰后变形能力的大小等。另外，拟做的试验要采取措施避免组合梁出现失稳。

二是进行理论分析与计算。途径可从两个方面展开：

①采用包含材料非线性的有限元程序进行计算，从破坏条件和本构关系上考虑混凝土在多向应力作用下的受压屈服以及受拉开裂等特性、考虑钢梁及混凝土板中钢筋的塑性变形、考虑界面的滑移等来模拟计算所做的试验。在取得较好的计算结果后，对一些参数，如洞口的位置、大小和配筋率的变化等进行计算，即做参数分析和研究。

②解决工程设计计算上所需简便可行的计算模型和方法，并将用该法计算的结果进行验证、改进和完善，使其可靠并能满足工程设计计算所需的精度。

1.5.2　本书的研究内容

为了避免对腹板开洞连续组合梁的试验研究过于宽泛，本书在对一些影响参数进行取舍后，选取了两个比较重要的参数即配筋率和混凝土板厚设计制作编号为 CCB-1 ～ CCB-6 三种不同板厚以及 3 种不同配筋率的共 6 根连续组合梁试件，其中 CCB-1 为腹板未开洞连续组合梁，CCB-2 ～ CCB-6 为腹板开洞连续组合梁。对 6 根腹板开洞连续组合梁试件着重从以下几个方面进行详细研究：

①对腹板开洞与不开洞钢-混凝土连续组合梁的受力性能进行对比分析，弄清腹板开洞组合梁的受力及其破坏特征。

②研究不同厚度混凝土板抗剪承载力。分析在混凝土翼板板厚增加时，混凝土板承担的剪力占整个截面剪力的比例变化情况。

③研究不同厚度混凝土板连续组合梁的刚度及变形能力，分析混凝土板板厚变化时，对腹板开洞连续组合梁的变形能力产生多大的影响，为工程设计提供依据。

④研究不同纵向配筋率的混凝土板抗剪承载力，分析在混凝土板纵向配筋率增加时，混凝土板承担的剪力占整个截面剪力比例的变化情况。

⑤研究混凝土板内纵向配筋率变化时对钢-混凝土连续组合梁的刚度及变形能力的影

响,在分析混凝土板纵向配筋率变化时,对腹板开洞连续组合梁的变形能力产生多大影响,为工程设计提供依据。

⑥研究腹板开洞连续组合梁的塑性和塑性发展、塑性铰的形成、内力重分布、破坏模式和机理、组合梁的极限承载能力等。

⑦研究腹板开洞连续组合梁洞口和中间支座两个薄弱位置处受力和变形的相互影响及结果。

⑧研究塑性铰形成的机理和模式,如在什么地方先形成、后形成、形成什么类型的塑性铰,尤其是洞口处可能出现塑性铰的类型有很多,会是哪一种及其形成原因分析。

⑨弄清腹板开洞连续组合梁弯矩能够调幅的范围,用弯矩调幅法或塑性铰链法(机构法)计算腹板开洞连续组合梁承载力必须满足的先决条件和适用条件。

⑩研究洞口的补强方式,用什么样的加强方式可以最大限度地减少由洞口导致的组合梁的刚度和承载力的降低。

⑪继续对洞口在不同位置处的塑性承载力的计算公式进行补充推导,根据虚拟应力图方法推导组合梁腹板洞口位于负弯矩区时的 4 个角点的次弯矩函数。

⑫对腹板开洞连续组合梁进行有限元模拟,运用 ANSYS 软件模拟计算腹板开洞连续组合梁的受力性能并与试验所得的数据进行对比分析。

第 2 章
腹板开洞连续组合梁受剪性能试验研究

2.1 引 言

组合梁腹板开洞后会带来受力改变(承载力降低和变形增大等)及其相关计算问题。目前在这方面的研究主要是针对简支组合梁,而对腹板开洞连续组合梁的试验研究则少见报道,人们对其受力特性和破坏模式还了解不多,不仅缺乏相应分析方法和计算理论,也没有相应的规范可以遵循。目前各国规范对组合梁的抗剪计算规定为:按塑性理论设计时,组合截面的竖向抗剪均不计入混凝土板对组合梁抗剪的贡献,只考虑钢梁腹板的抗剪作用。Ansourian 的试验表明:混凝土翼板承担了组合梁总的抗剪能力的 20% 左右;Johnson 的试验显示组合梁的抗剪承载力超过钢梁腹板抗剪承载力的 20% ,Porter 进行的纤细截面组合梁试验(EC4 所称的第四类截面组合梁)显示,混凝土翼板的抗剪承载力占到截面总抗剪承载力的 50% 。我国进行的试验研究也表明,钢-混凝土组合梁中钢梁腹板的抗剪贡献只占到了组合梁总抗剪能力的 60% ~70% 。对腹板开洞简支组合梁而言,国内的研究表明混凝土翼板对截面抗剪承载力的贡献为 52.1% ~59.64% ,然而对腹板开洞连续组合梁而言,混凝土翼板和钢梁腹板能对组合梁截面抗剪起到多大的作用现在还不得而知,另一个就是腹板开洞后对连续组合梁各跨的剪力分布有没有影响? 要得到回答需要通过对腹板开洞连续组合梁进行相关试验来进行研究。

2.2 试验目的和内容

本次腹板开洞连续组合梁试验首先选取混凝土板厚度和配筋率两个变化参数设计制作了 5 根腹板开洞连续组合梁和 1 根腹板无洞连续组合梁,并对其腹板洞口处的抗剪性能进行了相关试验研究,以便弄清以下一些问题:

①腹板开洞挖去了大部分腹板能承受剪力的材料,钢梁只剩下上下翼缘和很少一点腹

板,剪力是否主要由洞口上方混凝土板来承担?

②若增大混凝土板厚度,能否增加洞口区域的抗剪承载力?

③若增大混凝土板中的配筋率,能否有效地增加洞口处的抗剪承载力?

④腹板开洞后对连续组合梁各跨的剪力分布有没有影响以及钢梁腹板和混凝土翼板的剪力承担各有多少?

2.3　试验概况

2.3.1　试件设计与制作

1)试件设计

本次试验设计制作编号为 CCB-1~CCB-6 三种不同板厚以及 3 种不同配筋率的共 6 根连续组合梁试件,其中 CCB-1 为腹板未开洞连续组合梁,CCB-2~CCB-6 为腹板开洞连续组合梁。6 根连续组合梁全部按照完全剪切连接设计,剪切连接件栓钉以等间距 100 mm 沿组合梁全长均匀布置。CCB-1~CCB-6 设计跨数为二跨等跨度,CCB-2~CCB-6 的洞口中心线位于连续组合梁第一跨的正负弯矩交界处(反弯点)。试件的横断面图、几何尺寸及试验组合梁的基本配置参数分别见表 2.1 和图 2.1、图 2.2。

表 2.1　腹板开洞连续组合梁试件基本参数表

编号	洞口尺寸 $b_0 \times h_0$ /mm	钢梁尺寸 $h_s \times b_f \times t_w \times t_f$ /mm	跨度 $L_1 = L_2$ /mm	栓钉 一排 /mm	洞口位置 L_0 /mm	混凝土板 b_c /mm	混凝土板 h_c /mm	混凝土板配筋 横向	混凝土板配筋 纵向	配筋率 ρ/% 横向	配筋率 ρ/% 纵向
CCB-1	—	$250 \times 125 \times 6 \times 9$	3 000	@100	—	1 000	110	φ8@200	12 φ10@190	0.5	0.86
CCB-2	400×150	$250 \times 125 \times 6 \times 9$	3 000	@100	850	1 000	110	φ8@200	12 φ10@190	0.5	0.86
CCB-3	400×150	$250 \times 125 \times 6 \times 9$	3 000	@100	850	1 000	125	φ8@200	14 φ10@155 /195	0.5	0.86
CCB-4	400×150	$250 \times 125 \times 6 \times 9$	3 000	@100	850	1 000	145	φ8@200	10 φ12 + 2 φ10@190	0.5	0.86
CCB-5	400×150	$250 \times 125 \times 6 \times 9$	3 000	@100	850	1 000	110	φ8@200	12 φ12@190	0.5	1.23
CCB-6	400×150	$250 \times 125 \times 6 \times 9$	3 000	@100	850	1 000	110	φ8@200	14 φ10@155 /195	0.5	1.44

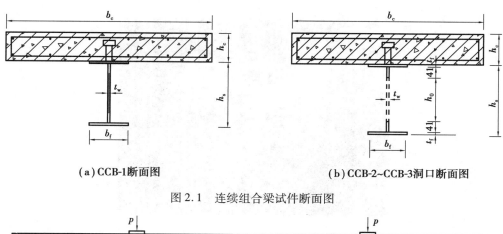

（a）CCB-1断面图　　　　　　　（b）CCB-2~CCB-3洞口断面图

图 2.1　连续组合梁试件断面图

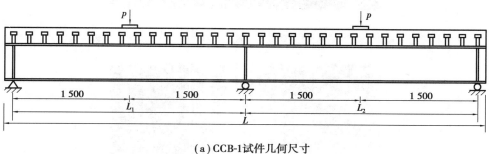

（a）CCB-1试件几何尺寸

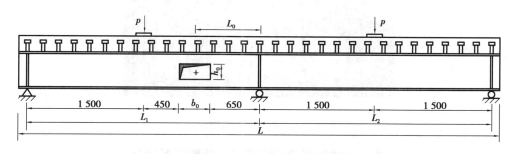

（b）CCB-2~CCB-3试件几何尺寸

图 2.2　连续组合梁试件几何尺寸

2）试件制作

所有试件的钢梁均由云南建工集团第二安装工程公司制作,如图 2.3 所示。钢梁制作完成后,在钢梁翼缘和腹板上粘贴电阻应变片,如图 2.4 所示。

钢梁制作完成后运至昆明理工大学建筑抗震研究所完成试件钢筋的绑扎（图 2.5）、支模（图 2.6）和混凝土的最后浇筑（图 2.7）以及混凝土养护（图 2.8）等工作。6 根试件全部采用 C30 等级现浇混凝土,钢材采用山东莱钢产 Q235B 热轧 H 型钢,采用 $\phi19$ 长度为 80 mm 的栓钉纵向一列布置。在试件浇筑混凝土的同时,留制 150 mm × 150 mm × 150 mm 混凝土试块 2 组共 6 块,并与连续组合梁试件在同条件下养护,28 d 后进行抗压强度试验,最后取其抗压强度平均值作为评定混凝土强度等级的指标。

图 2.3　钢梁制作

图 2.4　钢梁应变片粘贴

图 2.5　钢筋绑扎

图 2.6　试件支模

图 2.7　混凝土浇筑

图 2.8　混凝土养护

2.3.2　试件测试内容与方法

1）测试内容

①腹板开洞连续组合梁在洞口的左、中、右端、加载点及跨中挠度。

②腹板开洞连续组合梁的开裂荷载和极限荷载。

③混凝土翼板板顶、板底应变的变化。

④钢梁上、下翼缘,腹板应变的分布。

2) 测试方法

本试验属于单调静力加载试验。试件的测点布置主要考虑以下因素和内容:

(1)荷载测量

荷载由 YAW-10 000 kN 微机控制电液伺服压力试验机进行加载,在两跨连续组合梁的两个边支座处分别放置 30 t 的压力传感器,在中间支座处放置 70 t 的压力传感器,以自动采集试件加载过程中的支座反力变化。

(2)位移测量

在组合梁的洞口左、中、右端及两跨跨中等位置处放置 50 cm 量程的电子位移计,用以测量相应位置处的挠度,如图 2.9 和图 2.10 所示。

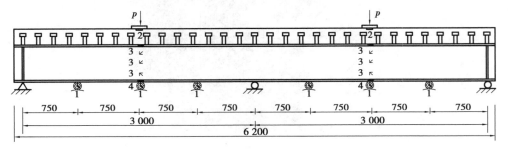

图 2.9 CCB-1 测点布置图

1—位移计;2—混凝土板应变片;3—钢梁腹板应变花;4—钢梁翼缘应变片

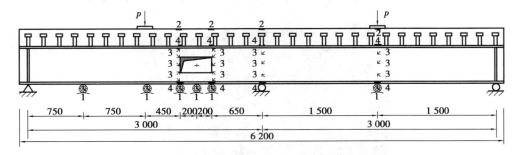

图 2.10 CCB-2～CCB-3 测点布置图

1—位移计;2—混凝土板应变片;3—钢梁腹板应变花;4—钢梁翼缘应变片

(3)应变测量

为了观测混凝土板的受力情况,混凝土板上、下表面均布置了应变片,为分析钢梁洞口上、下截面的受力情况,在钢梁上、下表面分别布置了应变片,在腹板洞口处布置了应变花,如图 2.9 和图 2.10 所示。

(4)内力测量

考虑到两跨连续组合梁属于超静定结构,为得到其各个支座真实的支反力,在试验组合梁的左支座、右支座和中间支座处设置测力计测量支座反力,以计算组合梁各截面的剪力。

为了避免加载过程中组合梁发生侧翻对试验人员及仪器造成损害,在试验时将测力计两端各点焊上一块方形钢板,然后再将测力计点焊到承载托梁的相应位置上,最后将连续组合梁定位,如图 2.13 所示。

试验数据全部由计算机自动采集。在试验过程中,通过计算机对试验梁的荷载-挠度曲线进行实时监控,测量出每级荷载作用下的各截面处的应变、挠度和支座反力数据。

2.3.3　材料力学性能

1) 钢梁力学性能

CCB-1 ~ CCB-2 钢梁全部采用 Q235B 热轧 H 型钢,由于型钢压轧条件不同,因此翼缘和腹板金相组织有差别,机械性能也存在差别:即腹板的性能优于翼缘。型钢用于受弯构件时,翼缘应力大于腹板,承载能力主要取决于翼缘的性能。因此,拉力试样在翼缘上割取将更为合理,但翼缘内侧存在坡度问题,做试样不便。因此,我国《钢及钢产品力学性能试验取样位置及试样制备》(GB/T 2975—2018)规定,各类型钢拉力试验和冲击试验的样坯都从翼缘上割取。不过工字钢和槽钢拉伸试件也可以在腹板取样。按照《金属材料　拉伸试验　第 1 部分:室温试验方法》(GB/T 228.1—2010)的测试方法,对钢梁样坯进行拉伸试验,本次试验钢梁的取样位置和钢材试样拉伸的应力-应变曲线如图 2.11 所示。

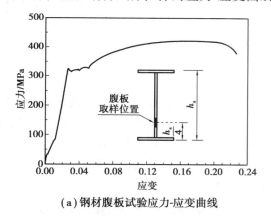
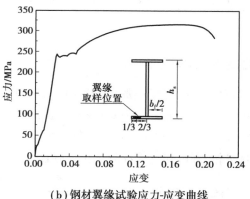

(a)钢材腹板试验应力-应变曲线　　　　(b)钢材翼缘试验应力-应变曲线

图 2.11　钢材试样拉伸试样取样和应力-应变曲线

试验所得钢材力学性能见表 2.2。

表 2.2　钢材的力学性能

钢板厚度/mm	屈服强度 f_y/MPa	抗拉强度 f_u/MPa	屈强比	延伸率/%	泊松比 μ	弹性模量 E_s/MPa
(腹板)6	317.92	420.33	1.32	27.67	0.3	2.06×10^5
(翼缘)9	245.75	315.18	1.28	25.67	0.3	2.06×10^5

2) 钢筋力学性能

本次试验所用钢筋有 8 mm,10 mm 和 12 mm 3 种直径,按照《金属材料　拉伸试验　第 1 部分:室温试验方法》(GB/T 228.1—2010)的规定对不同直径的钢筋分别截取 3 根进行金属拉伸试验,测得的钢筋应力-应变曲线和钢筋的基本力学性能分别如图 2.12 和表 2.3 所示。

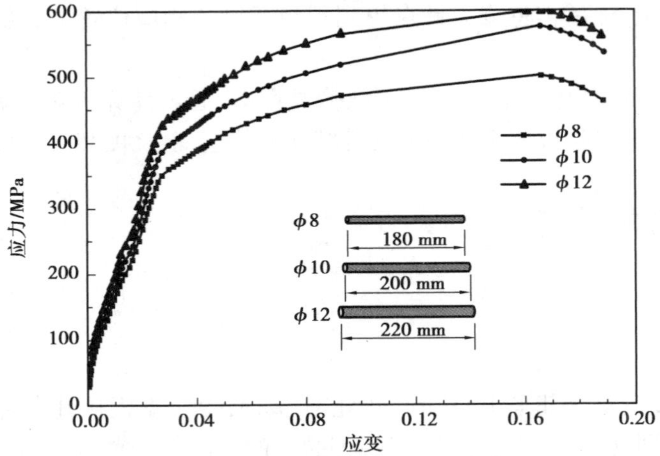

图 2.12　钢筋试验应力-应变曲线

表 2.3　钢筋的力学性能

钢筋直径/mm	屈服强度 f_y/MPa	抗拉强度 f_u/MPa	屈强比	延伸率/%	泊松比 μ	弹性模量 E_s/MPa
$\phi 8$	363.45	497.81	1.37	18.0	0.3	2.06×10^5
$\phi 10$	400.28	575.42	1.44	19.1	0.3	2.06×10^5
$\phi 12$	438.75	599.53	1.37	24.0	0.3	2.06×10^5

3) 混凝土力学性能

本次试验的混凝土翼板的混凝土设计标号均采用 C30 商品混凝土,在浇筑试件时,每组各制作 3 个 150 mm × 150 mm × 150 mm 标准立方体试块,并在与组合梁试件在相同条件下进行养护。试验方法参照《普通混凝土力学性能试验方法标准》(GB/T 50081—2002)执行。试验加载当天测试立方体混凝土抗压强度,混凝土力学性能试验结果见表 2.4。

表 2.4　混凝土的力学性能

混凝土标号		立方体试块尺寸/mm	抗压强度 f_{cu}/MPa	弹性模量 E_c/MPa
第一组	C30	$150 \times 150 \times 150$	38.6	3.23×10^4
第二组	C30	$150 \times 150 \times 150$	38.6	3.23×10^4
第三组	C30	$150 \times 150 \times 150$	38.7	3.23×10^4

2.3.4　试验装置及加载方案

1) 加载装置与设备改造

本次连续组合梁试验采用 YAW-10 000 kN 微机控制电液伺服压力试验机进行加载。由于该试验机的加载台座只有 3 200 mm 长,连续组合梁试件的长度为6 200 mm,因此需对该试验加载台座进行改造,即设置了一根 6 200 mm×400 mm×800 mm 的钢梁作为连续组合梁的底座承载托梁;设置一根 3 200 mm×300 mm×700 mm大刚度梁作为荷载纵向分配梁和 2 根1 000 mm×125 mm×250 mm 的钢梁作为荷载横向分配,由于底座梁和承载托梁的高度已达 1.8 m,再加上试验梁和分配梁的高度,总高为 2.9 m,需周边搭建脚手架以观察混凝土板的裂缝。加载装置示意图如图2.13(a)所示,连续组合梁加载照片如图2.13(b)和图2.13(c)所示。

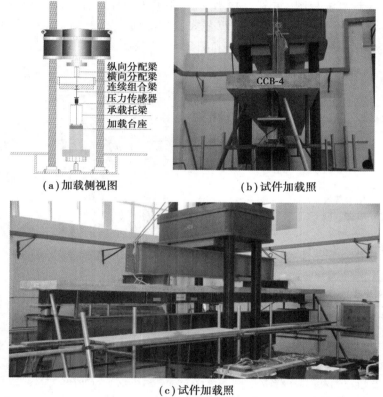

|（a）加载侧视图|（b）试件加载照|

（c）试件加载照

图 2.13　连续组合梁加载示意图

2）加载方案

　　试件试验地点位于昆明理工大学工程抗震研究所,采用 YAW-10 000 kN 微机控制电液伺服压力试验机,并以两种加载模式进行两点对称单调静力加载。首先,在试件屈服前采用力加载模式,荷载增量为 10 kN;其次,组合梁试件钢梁底部屈服后变换为位移加载模式,进行位移加载,以准确记录试件屈服后位移直到试件破坏,位移施加速率为 1 mm/min。试件加载过程中先进行两次反复加卸载以消除加载装置各部件中存在的松弛现象,然后再重新加载直至试件破坏。

2.4　数据处理方法

　　为了确定腹板开洞连续组合梁洞口处钢梁和混凝土翼板对组合梁抗剪承载力贡献的大小,一个关键问题就是计算分离钢梁腹板和混凝土翼板各自所承担的剪力大小。由于弹性阶段的应力与应变关系是一一对应的,因此在弹性阶段根据应变测量的结果计算钢梁和混凝土板各自的应力是很容易的。这些计算方法和公式可以很容易地在相关建筑结构试验资料中找到。而对进入弹塑性尤其是塑性阶段的应力计算则相对困难。这是由于在塑性阶段的应力应变曲线不再存在一一对应的关系。聂建国等根据塑性流动理论提出了组合梁混凝土翼板和钢梁的剪力分离方法,该方法最关键的问题就是解决主应变增量 $\beta = \Delta\varepsilon_1 / \Delta\varepsilon_2$ 的取值。

鉴于此,本书根据聂建国提出的计算方法,设计了腹板开洞连续组合梁的钢梁和混凝土板剪力分离的相关计算流程图,如图 2.14 所示。通过该计算流程图可以很容易地实现计算机编程计算。其中,各个流程段所需的计算公式也相应列于图 2.14 之中,其中,流程图中的应力圆图和应变圆图单独列出,如图 2.15 和图 2.16 所示。

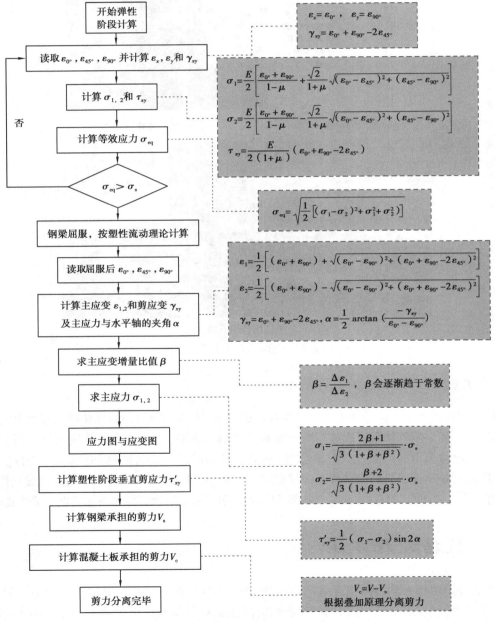

图 2.14 腹板开洞连续组合梁钢梁—混凝土板剪力分离流程计算图

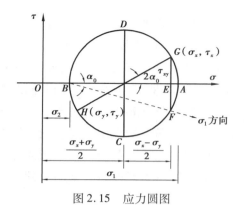

图 2.15　应力圆图

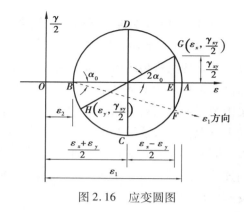

图 2.16　应变圆图

2.5　组合梁抗剪试验结果与分析

2.5.1　破坏过程及破坏形态

试件 CCB-1 ~ CCB-6 在加载到实测极限荷载的 $0.3P_u$ 左右后进行加载和卸载两次,当加载到荷载的 $0.3P_u$ 左右后,在腹板无洞连续组合梁 CCB-1 的纵向栓钉位置处从两集中加载点开始出现两条纵向微小裂缝,并随着荷载的不断增加逐渐向连续梁两端发展。当荷载达到 $0.61P_u$ 时,组合梁各跨跨中钢梁下翼缘开始屈服,连续组合梁各测点的挠度逐渐增大。当荷载达到其极限荷载 P_u 时,纵向裂缝贯穿组合梁全长。最终 CCB-1 出现典型的弯曲破坏,即中支座处首先形成第一个塑性铰,随后随着荷载的不断增加,两跨的集中加载点处形成第二个塑性铰并最终丧失承载力,如图 2.17(a)所示。

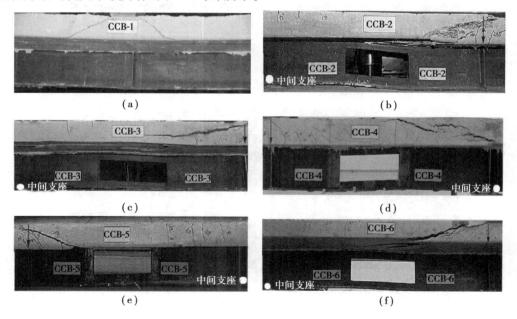

图 2.17　连续组合梁洞口处破坏形态图

　　CCB-2～CCB-6 腹板开洞连续组合梁的破坏过程具有基本类似的特征。在荷载作用初期,腹板开洞组合梁处于弹性工作阶段。当荷载均达到其相应极限荷载的 $0.25P_u$ 左右后,连续组合梁的负弯矩区出现微小裂缝并随荷载的不断增加而加宽并贯穿负弯矩区;同时 CCB-2、CCB-3、CCB-5、CCB-6 洞口左上角混凝土板底开始出现斜裂缝,呈 45°角斜向上向开洞跨中集中荷载加载点处逐渐发展,如图 2.17 中相应编号组合梁所示。CCB-4 则是由洞口右上角的上方混凝土板顶端开始出现斜裂缝,呈 45°角斜向下向开洞跨负弯矩区中间支座处逐渐发展。同时 CCB-2～CCB-6 混凝土板顶沿梁长度方向出现的裂缝也随着荷载不断增加而逐渐向连续梁两端和负弯矩区扩展,如图 2.18 所示,其中图 2.18 所示为连续组合梁洞口到中间支座区域的裂缝图。

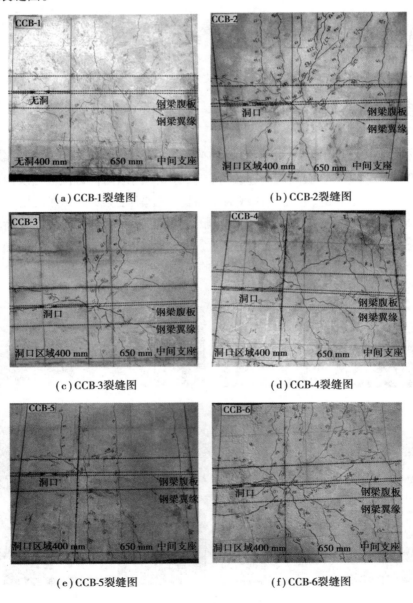

图 2.18　连续组合梁洞口上方板顶裂缝图

当荷载达到极限荷载的 $0.5P_u$ 时,混凝土板纵向和横向裂缝开始集中出现;随荷载的继续增大,洞口区域开始出现明显的剪切变形,组合梁无洞跨跨中可见弯曲变形;当荷载达到 $0.73P_u$ 左右时,腹板开洞连续组合梁开洞跨混凝土板出现轻微持续噼啪声,当荷载达到 $0.9P_u$ 左右时,集中加载点(CCB-2、CCB-3、CCB-5 和 CCB-6)或中间支座(CCB-4)与洞口上方角部的 45°斜向裂缝逐渐贯穿,组合梁洞口处钢梁 4 个角逐渐形成塑性铰,当荷载达到极限荷载 P_u 时腹板洞口发生明显剪切变形(长方形的洞口变形为近似平行四边形),伴随着混凝土板的开裂声,连续组合梁 CCB-2～CCB-6 的第一跨发生剪切破坏并最终丧失承载能力,中间支座贯穿的斜向裂缝宽度达到10～12 mm,组合梁第二跨的跨中出现明显弯曲变形,如图 2.17 所示。CCB-2～CCB-6 混凝土板顶面的裂缝发展比较充分的区域主要集中在洞口区域和带洞跨的负弯矩区以及第二跨跨中 3 个位置,如图 2.18 所示。

2.5.2 荷载-挠度曲线分析

为研究腹板开洞后对连续组合梁承载力的影响,试验测得 6 根连续组合梁试件的荷载-挠度曲线。CCB-1～CCB-6 第一跨跨中的荷载-挠度曲线如图 2.19 所示。

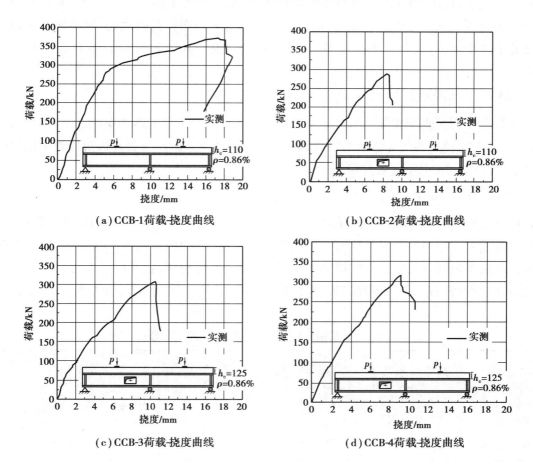

(a)CCB-1荷载-挠度曲线

(b)CCB-2荷载-挠度曲线

(c)CCB-3荷载-挠度曲线

(d)CCB-4荷载-挠度曲线

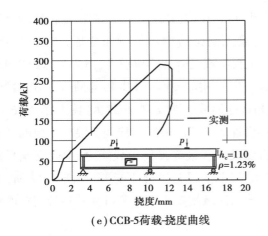
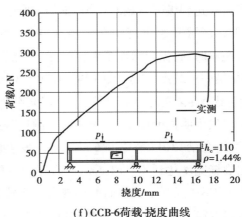

（e）CCB-5荷载-挠度曲线　　　　　　　　（f）CCB-6荷载-挠度曲线

图2.19　连续组合梁荷载-挠度曲线

从荷载-变形曲线可以看出,钢-混凝土连续组合梁的受力过程大致可以分为弹性阶段、弹塑性阶段和下降阶段3个阶段。

（1）弹性阶段（$P \leqslant P_y$）

在荷载达到相应连续组合梁的屈服荷载之前,组合梁处于弹性工作状态,组合梁第一跨跨中的荷载-挠度曲线基本上呈线性关系增长,在进入弹塑性阶段之前,钢梁截面下边缘应变处于弹性状态,混凝土板应变接近最大拉应变,整个阶段连续组合梁有良好的工作性能。

（2）弹塑性阶段（$P_y < P < P_u$）

在此阶段,第一跨钢梁腹板洞口处4个角点由于应力集中最先进入塑性,洞口区域出现剪切变形,荷载-挠度曲线开始偏离原来的直线。腹板开洞连续组合梁在该阶段集中出现横向裂缝,组合梁的抗弯刚度明显降低。

（3）下降阶段（$P \geqslant P_u$）

荷载达到极限荷载以后为下降阶段。在此阶段连续组合梁各个测点的挠度增长迅速,连续组合梁第一跨的洞口4个角点处出现塑性铰,洞口处的剪切变形明显增大,随着混凝土板的斜向主裂缝继续向上开展扩宽扩深,最终发生剪切破坏,至此已经无法再继续增加荷载,荷载变形曲线进入下降阶段。6根连续组合梁的极限荷载和最大横向位移见表2.5。

表2.5　连续组合梁试件参数承载力及破坏形态

编号	洞口	板厚	配筋率/%	屈服荷载	极限荷载	横向最大位移	破坏形态		$P_{y,t}/P_{u,t}$
	有/无	h_c/mm	纵向	$P_{y,t}$/kN	$P_{u,t}$/kN	$d_{u,t}$/mm	第一跨	第二跨	
CCB-1	无	110	0.86	280.09	373	18.86	弯曲破坏	弯曲破坏	0.75

编号	洞口	板厚	配筋率/%	屈服荷载	极限荷载	横向最大位移	破坏形态		$P_{y,t}/P_{u,t}$
	有/无	h_c/mm	纵向	$P_{y,t}$/kN	$P_{u,t}$/kN	$d_{u,t}$/mm	第一跨	第二跨	
CCB-2	有	110	0.86	65.09	287	9.89	剪切破坏	弯曲破坏	0.22
CCB-3	有	125	0.86	77.53	305	10.93	剪切破坏	弯曲破坏	0.25
CCB-4	有	145	0.86	87.52	315	10.60	剪切破坏	弯曲破坏	0.28
CCB-5	有	110	1.23	65.07	290	12.33	剪切破坏	弯曲破坏	0.22
CCB-6	有	110	1.44	70.12	295	17.26	剪切破坏	弯曲破坏	0.24

注：$P_{y,t}$ 和 $P_{u,t}$ 为屈服荷载和极限荷载试验值；$d_{u,t}$ 为横向最大位移试验值。

2.5.3　开洞、板厚和配筋率变化对组合梁性能的影响

1）开洞的影响

CCB-1～CCB-6 各参数变化、承载力值及破坏形态列于表 2.5。CCB-2～CCB-6 共 5 根腹板开洞连续组合梁的极限承载力比腹板无洞连续组合梁 CCB-1 的极限承载力分别下降了23.06%、18.23%、15.55%、22.25% 和 20.91%；在变形能力上 CCB-2～CCB-6 与腹板无洞连续组合梁 CCB-1 相比分别下降47.56%、42.05%、43.80%、34.62% 和 8.48% 不等。

2）板厚的影响

对于腹板开洞连续组合梁 CCB-2～CCB-4 在横截面配筋率不变（0.86%）而混凝土板厚从 CCB-2 的 110 mm 增加到 CCB-3 的 125 mm 和 CCB-4 的 145 mm 的情况下，其承载力相应提高6.27% 和 9.76%，变形能力则相差不大，说明混凝土板厚的增加能提高一点连续组合梁的承载能力，但提高幅度不大，如图 2.20 所示。

3）配筋率的影响

CCB-2、CCB-5、CCB-6 在混凝土板厚度不变（110 mm）而横截面配筋率增加 0.37% 和0.58% 的情况下，其承载力比 CCB-2 相应提高 1.05% 和 2.79%，变形能力则提高 36.09% 和90.51%，说明配筋率的增加能大幅度提高其变形能力，如图 2.21 所示。

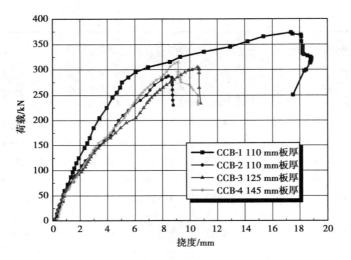

图 2.20 板厚变化时试件荷载-挠度曲线对比

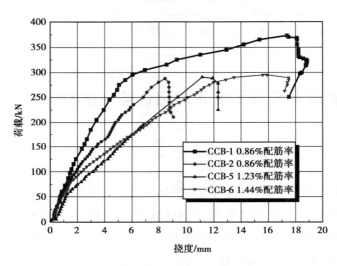

图 2.21 配筋率变化时试件荷载-挠度曲线对比

4)腹板开洞连续组合梁与腹板开洞简支组合梁试验结果对比

王鹏等进行的腹板开洞简支组合梁的抗剪试验结论表明,当简支组合梁腹板开洞后,在洞口尺寸相同的情况下而板厚在试件 A2(100 mm)的基础上分别增加到试件 A3 的(115 mm)和试件 A4 的(130 mm)后,A3 和 A4 的承载力分别提高了 11.73% 和 26.18%。说明混凝土翼板厚度增加能提高腹板开洞简支组合梁承载能力,但对变形能力的提高则相对不明显,如图 2.22 所示。当混凝土板厚度不变而配筋率从试件 A2(0.5%)的基础上增加到 B1 的 1% 和 B2 的 1.5% 后,B1 和 B2 的变形能力则提高了 13.97% 和 24.45%。说明配筋率的增加能使腹板开洞简支组合梁的变形能力得到有效提高,如图 2.23 所示。

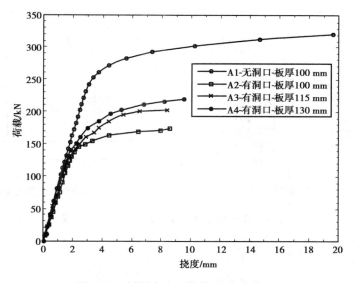

图 2.22　板厚变化时荷载-挠度曲线对比

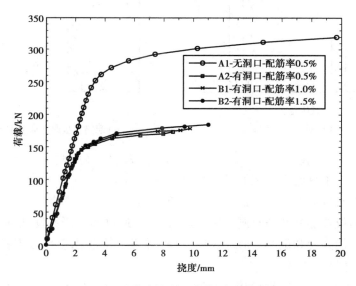

图 2.23　配筋率变化时荷载-挠度曲线对比

　　综合本次腹板开洞连续组合梁试验结果来看,通过增加混凝土板的厚度比增加横截面配筋率更能提高腹板开洞连续组合梁的承载能力,但对连续组合梁变形能力的提高则相对不明显;而通过增加混凝土板的横截面配筋率则能较大幅度地提高变形能力。通过本书对腹板开洞连续组合梁和王鹏等对腹板开洞简支组合梁的研究可以发现,混凝土翼板厚度和配筋率变化对腹板开洞组合梁的承载力和变形能力方面可以得到相对一致的结论,如图 2.24 和图2.25所示。因此,不论是对腹板开洞连续组合梁还是简支组合梁,在提高带洞组合梁的承载力和变形能力方面可以从对上面两个参数的研究分析中得到相应的改进方法,比如可以采取如下措施来提高腹板开洞组合梁的抗剪承载力:

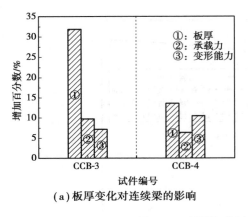
（a）板厚变化对连续梁的影响

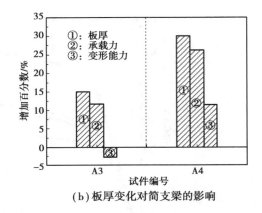
（b）板厚变化对简支梁的影响

图 2.24　板厚变化对连续和简支组合梁的影响

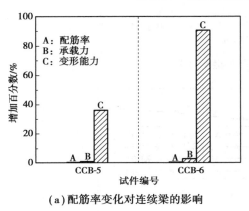
（a）配筋率变化对连续梁的影响

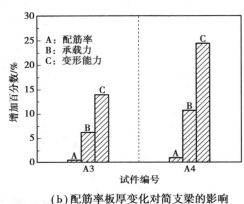
（b）配筋率板厚变化对简支梁的影响

图 2.25　配筋率变化对连续和简支组合梁的影响

①提高混凝土板中纵向钢筋配筋率和混凝土板的厚度。

②在洞口上方对抗剪连接件（栓钉）进行局部加密。

③在洞口周边设置加劲肋来对洞口区域进行补强，通过作者研究发现补强效果较好的有洞口处设置圆弧形加劲肋和倒"V"形加劲肋，这种补强方法的优点是传力机制明确、受力模式合理，具体分析详见第 7 章。

④另外，还可借鉴我国《高层民用建筑钢结构技术规程》（JGJ 99—2015）对钢梁腹板开洞的相关构造要求来提高腹板开洞连续组合梁的抗剪承载力。

2.5.4　组合梁洞口处截面应变分析

连续组合梁腹板开洞后的洞口处横截面不再符合平截面的假定。下面以腹板无洞连续组合梁 CCB-1 和开洞连续组合梁 CCB-2 为例进行对比说明。图 2.26 所示为实测 CCB-1 第一跨跨中的横截面应变分布图。

从图 2.26 的腹板无洞连续组合梁 CCB-1 第一跨跨中的截面应变分布发展可以看出，在加载的前期阶段，截面上的应变分布基本上符合平截面假定，除在钢梁上翼缘与混凝土翼板交界面由于截面滑移的存在从而出现相对滑移现象外，组合梁混凝土板和钢梁的两条应变曲线呈线性且近似平行,这也验证了未开洞组合梁有滑移时钢梁和混凝土翼板的曲率是相同的。

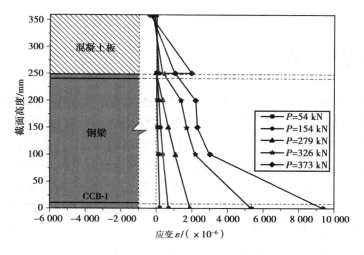

图 2.26　CCB-1 第一跨跨中应变分布

图 2.27(a)和 2.27(b)所示为实测 CCB-2 洞口左端和右端横截面应变分布及内力示意图。从图中的腹板开洞连续组合梁 CCB-2 第一跨洞口区域的截面应变分布可以看出:在加载初期,洞口区域沿组合梁高度方向截面的应变分布就已不再近似符合平截面假定,这是因为组合梁开洞后存在较大的剪切变形。

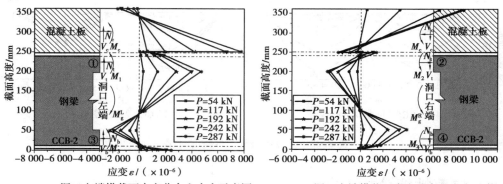

(a)CCB-2 洞口左端横截面应变分布和内力示意图　　(b)CCB-2 洞口右端横截面应变分布和内力示意图

图 2.27　CCB-2 洞口区域截面应变分布及内力示意图

连续组合梁腹板开洞后洞口区域截面的内力变为三次超静定,如图 2.27(a)和图 2.27(b)所示。图中 M_g^L 和 M_g^R 为洞口区域左端和右端的总弯矩;M_1、M_2、M_3、M_4 分别为洞口(①②③④)4 个角点处的次弯矩;V_c 为洞口区域混凝土翼板所承担的剪力,V_t 为洞口上方钢梁所承担的剪力,V_b 为洞口下方钢梁所承担的剪力;N_c 为洞口区域混凝土翼板所承担的轴力,N_t 为洞口上方钢梁所承担的轴力,N_b 为洞口下方钢梁所承担的轴力。图 2.27(a)和图 2.27(b)中洞口区域横截面内力分别作用在混凝土翼板、洞口上方钢梁和洞口下方钢梁。在洞口左端截面,如图 2.27(a)所示,混凝土翼板截面、洞口上方钢梁截面和洞口下方钢梁截面处的次弯矩均为正弯矩,故在其作用下混凝土板上部受压,下部受拉,从而混凝土板的上部产生压应变下部产生拉应变;同样,洞口上方钢梁截面和洞口下方钢梁截面也是上部受压、下部受拉,故在其作用下洞口上方钢梁截面和洞口下方钢梁截面上部产生压应变下部产生拉应变。洞口区域的应变呈倒 S 形分布;同理,在洞口右端截面,如图 2.27(b)所示,洞口区域的应变呈 S 形分布。

2.5.5　挠曲变形分析

下面仍以 CCB-1 和 CCB-2 为例对比分析连续组合梁在开洞前后的变形和抗剪性能。

实测连续组合梁在不同荷载阶段下的挠曲变形如图 2.28 所示。图 2.28(a)所示为腹板无洞连续组合梁 CCB-1 的挠度曲线,挠度的最大值始终发生在两跨组合梁的各跨跨中,即集中荷载加载点位置。从图 2.28(b)可见腹板开洞连续组合梁 CCB-2 由于洞口区域的刚度降低,随着荷载的不断增大洞口区域的剪切变形急剧增加,洞口处挠度的发展也由于剪切变形的增大而明显增大并且呈现出明显的直线型,最终组合梁试件破坏时第一跨的最大挠度发生在集中荷载加载处。洞口左端的挠度与最大挠度相差不大,第二跨的最大挠度发生于跨中加载点位置,当 CCB-2 达到极限荷载时的第一跨的最大挠度甚至超过第二跨跨中最大挠度的 72%。综合试验结果来看,连续组合梁 CCB-3 ~ CCB-6 在腹板开洞后都表现为与 CCB-2 相似的特征,CCB-3 ~ CCB-6 的第一跨的最大挠度比第二跨的最大挠度大72% ~ 75%。

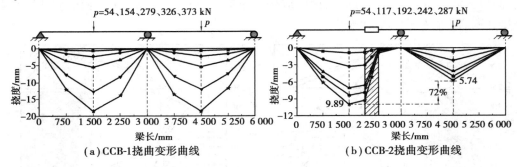

图 2.28　连续组合梁试件挠度对比

2.5.6　抗剪性能分析

对腹板无洞组合梁来说,我国《钢结构设计标准》(GB 50017—2017)、美国 AISC 规范和欧洲规范 EC4 在竖向受剪极限状态时都不考虑混凝土翼板对组合梁抗剪的贡献,已经有试验证明上述规范不考虑混凝土翼板的抗剪贡献是偏于保守的。王鹏等进行的试验也证明上述规范的相关规定对腹板开洞简支组合梁洞口区域也不再适合并给出了洞口处截面混凝土翼板和钢梁承担的剪力值,具体见表 2.6,从表中可以看出,对腹板开洞简支组合梁来说,混凝土板承担的剪力已经达到截面总剪力的 50% 以上;即使对腹板无洞简支组合梁也可看出,混凝土板承担的剪力也达到了截面总剪力的 30.14% 。

表 2.6　腹板开洞简支组合梁洞口处截面分担的剪力

编号	$P_{u,t}$/kN	洞口位置			$V_{c,t}/V_t$	$V_{s,t}/V_t$
		V_t/kN	$V_{c,t}$/kN	$V_{s,t}$/kN		
A1	320.0	213.33	64.30	148.70	30.14%	69.70%
A2	175.0	116.67	62.58	37.27	53.64%	46.36%
A3	194.2	129.46	72.86	35.36	56.28%	43.72%
A4	219.3	146.20	87.19	35.10	59.64%	40.36%
B1	184.6	123.07	64.12	34.39	52.10%	47.90%
B2	192.5	128.33	70.66	33.28	55.06%	44.94%

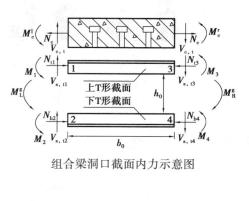

组合梁洞口截面内力示意图

注:V_t 为截面总剪力;$V_{c,t}$ 混凝土板承担的剪力;$V_{s,t} = V_{s,t1} + V_{s,t2}$,其中 $V_{s,t}$ 为钢梁承担的剪力,$V_{s,t1}$ 为钢梁上 T 形截面剪力,$V_{s,t2}$ 为钢梁下 T 形截面剪力;M_L^g 为洞口左端总弯矩,M_R^g 为洞口右端总弯矩;A1 为腹板无洞简支梁,A2 ~ B2 为腹板开洞简支组合梁。

　　可以肯定,这些规定对腹板开洞的连续组合梁也不再适合,但是开洞对连续组合梁的混凝土翼板和钢梁的剪力分担到底有多大的影响?本次试验的目的之一就是要回答上述问题并期望有更新的发现。为了弄清连续组合梁腹板开洞区域混凝土翼板和钢梁截面各自所承担的剪力大小,本书在试验量测测得的应变基础上利用数值积分求解了连续组合梁 CCB-1 ~ CCB-6 相应截面的剪力值,并列于表 2.7。

表 2.7　连续组合梁洞口处截面分担的剪力

编号	$P_{u,t}$/kN	洞口位置			$V_{c,t}/V_t$	$V_{s,t}/V_t$
		V_t/kN	$V_{c,t}$/kN	$V_{s,t}$/kN		
CCB-1	373	243.62	75.52	168.10	31%	69%
CCB-2	287	175.60	149.26	26.34	85%	15%
CCB-3	305	186.63	162.37	24.26	87%	13%
CCB-4	315	192.85	173.57	19.28	90%	10%
CCB-5	290	177.44	150.82	26.62	85%	15%
CCB-6	295	180.50	155.23	25.27	86%	14%

组合梁洞口截面内力示意图

注:$P_{u,t}$ 为极限荷载试验值;V_t 为截面总剪力;$V_{c,t}$ 混凝土板承担的剪力;$V_{s,t} = V_{s,t1} + V_{s,t2}$,其中 $V_{s,t}$ 为钢梁承担的剪力,$V_{s,t1}$ 为钢梁上 T 形截面剪力,$V_{s,t2}$ 为钢梁下 T 形截面剪力;M_L^g 为洞口左端总弯矩,M_R^g 为洞口右端总弯矩。

从表 2.7 可以看出,腹板无洞连续组合梁 CCB-1 在洞口区域的钢梁承担了总剪力的69%,混凝土板承担了总剪力的 31%,这说明在计算腹板开洞连续组合梁的抗剪承载力时,忽略混凝土板对抗剪的贡献是比较保守的。

王鹏等对腹板开洞简支组合梁的试验得出(表 2.6),简支组合梁洞口处的混凝土板承担了截面总剪力的 53.64% ~59.64%,钢梁承担了总剪力的 40.36% ~46.38%。本书所进行的腹板开洞连续组合梁的试验结果显示(表 2.7),对腹板开洞连续组合梁而言,洞口处混凝土板承担的剪力甚至达到了截面总剪力的 85% ~90%,钢梁承担的剪力只占到截面总剪力的10% ~15%,简支梁和连续梁洞口处截面剪力分担对比如图 2.29 所示。

在钢梁高度和洞口高度相同的条件下,从图 2.29 可见连续梁洞口处混凝土板承担的剪力比简支组合梁混凝土板承担的剪力大了约 40%,钢梁承担的剪力比简支组合梁钢梁承担的剪力小了约 30% 。

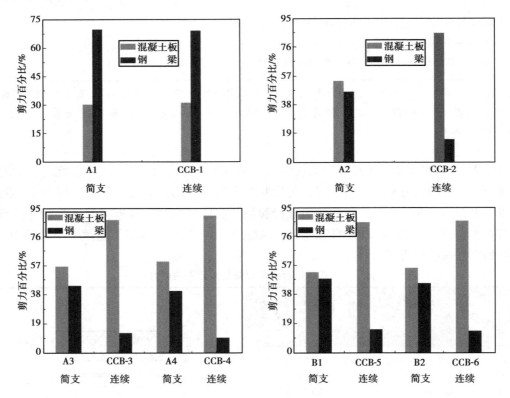

图 2.29　连续组合梁与简支组合梁洞口处混凝土板和钢梁剪力分担

2.6　小　结

本章对腹板开洞连续组合梁的竖向抗剪性能进行了试验研究。通过混凝土翼板厚度和横截面配筋率两个变化参数研究了其对腹板开洞连续组合梁受力及其承载力的影响,得到以下结论:

①连续组合梁腹板开洞后明显降低了洞口跨的承载能力和变形能力,带洞处的破坏为剪

切破坏,表现为洞口左侧或右侧上方混凝土板的斜裂缝受剪破坏。

②试验结果表明增加混凝土板的厚度可增大抗剪承载力,但变形能力几乎不变;横向配筋率增加却几乎不提高连续组合梁的抗剪承载力,但可增加变形能力。

③由于洞口处剪切变形和界面滑移的影响使洞口沿截面高度的应变呈 S 形或倒 S 形曲线,混凝土板与钢梁连接的界面处滑移明显,平截面假定不再适应连续组合梁的洞口区域。

④连续组合梁腹板开洞后洞口区域的挠曲变形增大,沿洞口长度成直线型。极限状态时洞口跨实测的最大挠度比无洞跨的最大挠度大 70% ~75% 。

⑤由于洞口挖去了大部分承担剪力的腹板面积,剪力主要由洞口上方的混凝土板来承担,其占总剪力的 85% ~90% ,因此如何提高洞口区域混凝土板的抗剪承载力和变形能力则成为解决问题的关键,其余梁段的截面剪力分布几乎不受开洞的影响。

第3章
腹板开洞连续组合梁塑性铰及内力重分布试验研究

3.1 引 言

连续组合梁不仅具有跨度大、刚度和强度高的优点,而且在截面塑性强度储备上还存在超静定的结构塑性强度储备。因此,连续组合梁在高层及大跨度公共建筑中的应用越来越广泛。连续组合梁按弹性计算时,内力大小与截面抵抗不相匹配,在荷载作用下,中间支座弯矩通常比跨中弯矩大;而在截面抵抗力方面却是中间支座处比跨中小,这意味着:中间支座处是一薄弱处,因为那里的荷载弯矩大,截面抵抗小;与之相反,跨中的荷载弯矩小(指相对于支座弯矩而言),截面抵抗大。中间支座截面强度通常可以充分利用,而跨中截面强度则不能,为了充分利用跨中截面的强度,目前各国规范多采用"弯矩调幅法"来考虑连续梁内力重分布的影响,即对按照线弹性理论计算得到的内力值乘以调幅系数作为结构的计算内力。我国《钢结构规范》中给出的弯矩调幅范围为不宜大于15%;欧洲规范 EC4 对不同计算方法和截面类型连续组合梁的调幅系数限制见表3.1。

表 3.1 EC4 负弯矩区调幅系数的限制

负弯矩区的截面类型	1 类截面	2 类截面	3 类截面	4 类截面
未考虑混凝土开裂的弹性分析	40%	30%	20%	10%
考虑混凝土开裂的弹性分析	25%	15%	10%	0

国内外的研究及实际运用证实:在保证不失稳和有足够塑性转动能力的情况下,用塑性理论计算连续组合梁是可行和经济的。带腹板开洞的连续组合梁由于开洞原因使其在受力机制及破坏机制上与腹板无洞连续组合梁明显不同,可以肯定的是,我国《钢结构规范》中规定的支座弯矩调幅的大小不可能再适合于腹板无洞连续组合梁。

3.2　试验目的和内容

　　连续组合梁腹板开洞不仅使洞口处的刚度和强度明显降低,形成连续组合梁上一薄弱处,而且还有可能使连续组合梁在负弯矩区的中间支座处形成一新的薄弱处。因此,与腹板无洞连续组合梁相比,上述特征使腹板开洞连续组合梁的受力性能(刚度、强度、变形能力、破坏模式等)受到较大影响,由此可产生很多疑问,如:塑性铰首先会出现在哪里? 在中间支座处还是在洞口处? 若在洞口处首先形成塑性铰,那会是什么类型的塑性铰(轴力铰、剪力铰还是弯矩铰)? 是否还可以用弯矩调幅等塑性分析方法来计算带腹板开洞的连续组合梁? 这些都是目前尚未认知并有待解决的问题。目前国内外对腹板开洞组合梁的研究大多集中在简支组合梁,而对腹板开洞连续组合梁的试验研究则少见于报道,对其受力特性和破坏模式还了解甚少。为了揭示腹板开洞连续组合梁的上述受力行为和特点,本书作者进行了试件试验,由于仅对腹板洞口本身就有很多变化参数,如洞口的大小和形状、洞口的位置和数量以及洞口是否采取加强措施等,这些参数都会对连续组合梁的受力及承载力产生影响。因此,本书在对一些洞口参数作了相应取舍的基础上,选取工程中常见的矩形单洞口为主要研究对象,并另外选取混凝土板厚度和配筋率作为变化参数,设计制作了 1 根腹板无洞和 5 根腹板开洞的连续组合梁试件,进行了两点单调对称静力加载,并对其塑性铰特性及内力重分布规律进行了试验研究。

3.3　试验概况

　　本次试验设计制作 3 种不同板厚以及 3 种不同配筋率的 6 根连续组合梁试件,编号为 CCB-1 ~ CCB-6,其中 CCB-1 为腹板无洞连续组合梁对比试件,CCB-2 ~ CCB-6 为腹板开洞连续组合梁试件。6 根连续组合梁全部按照完全剪切连接设计,剪切连接件栓钉以等间距 100 mm 沿组合梁全长均匀布置。CCB-1 ~ CCB-6 设计跨数为 2 跨等跨度,CCB-2 ~ CCB-6 的洞口中心线位于连续组合梁第一跨的正负弯矩交界处(反弯点位置 $L_0 = 850$ mm)。试件全部按照密实截面进行设计,试件的横断面图、几何尺寸及基本配置参数详见第 2 章 2.3.1 节,试件的材料属性、加载装置详见第 2 章 2.3.3 节。连续组合梁加载示意图如图 3.1 所示。

图 3.1　连续组合梁加载示意图

3.3.1 测试内容

为测量连续组合梁试件的塑性铰形成机理及内力重分布的大小,本书对以下内容进行了测量:

①腹板开洞连续组合梁的极限荷载和极限弯矩。

②混凝土翼板板顶、板底的应变变化。

③组合梁弯矩控制截面钢梁上、下翼缘、腹板应变的分布。

3.3.2 测试方法

本次试验在每个构件上布置了包括测支座反力、应变等共约30个测点,通过数据采集系统自动进行数据记录。布置测点时主要考虑测量以下因素:

①在两跨连续组合梁的两个边支座处分别放置30 t的压力传感器,在中间支座处放置70 t的压力传感器,以自动采集试件加载过程中的支座反力变化并用来计算试件截面内力。

②为测得组合梁薄弱截面的塑性铰形成情况,在组合梁洞口两边、中间支座和集中加载点等位置布置了一定数量的应变片(花),如图3.2和图3.3所示。

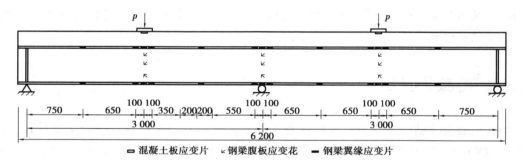

图3.2　CCB-1 测点布置图

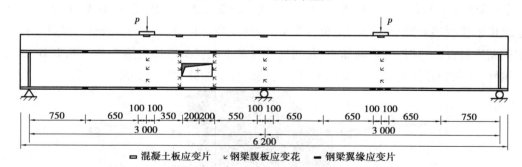

图3.3　CCB-2～CCB-3 测点布置图

③为了得到沿组合梁长度方向的应变变化情况,在组合梁的钢梁上下翼缘布置应变测点(组合梁按照完全剪切连接设计,纵向滑移在计算时忽略)。

④腹板开洞连续组合梁的挠度测量已经在第2章的洞口抗剪内容里面进行量测。

3.4　腹板开洞组合梁塑性铰类型

随着结构构件所受荷载的增加,构件截面上最大弯矩最终达到极限值。对理想的弹塑性材料而言,构件截面上的拉应力和压应力都保持屈服应力。此时,截面上的弯矩保持不变,但截面的转动却不受限制,这相当于截面上有一个铰链存在,这种情况称为塑性铰,不过上述塑性铰其实是对弯矩塑性铰的一般定义。对腹板无洞连续组合梁来说,在承载力极限状态时,连续组合梁会在正负弯矩最大截面处形成弯矩塑性铰。当连续组合梁腹板开有一个洞口时,组合梁存在两个薄弱截面,即洞口区域和中间支座处,因此这种塑性铰机制不再适合于带腹板开洞连续组合梁。为更加形象地对剪力铰和轴力铰的概念进行介绍,参照弯矩铰的定义,下面先将洞口长度区域组合梁简化为如图 3.4 所示的超静定框架模型,图中 1,2,3,4 为洞口处 4 个角点的编号。

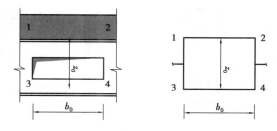

图 3.4　洞口区域简化模型

下面我们提出另外两种类型的塑性铰——剪力铰和轴力铰,并通过试件试验来验证上述塑性铰在腹板开洞连续组合梁试件中的形成机理及其性能。

3.4.1　洞口区域剪力铰

当洞口位于组合梁的纯剪区时,洞口处只有剪力作用,洞口区域 4 个角点可形成 4 个弯矩塑性铰,组合梁洞口处的破坏形态为典型的剪切破坏,4 个弯矩塑性铰可用一个剪力铰来等效,如图 3.5 所示。

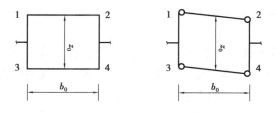

图 3.5　洞口区域剪力铰模型

3.4.2　洞口区域轴力铰

当洞口位于纯弯段时,由于洞口区域无剪力作用,洞口处作用的弯矩需洞口上、下两个截面轴力形成的力偶来抵抗,从而可在洞口上下截面形成轴力塑性铰,如图 3.6 所示。

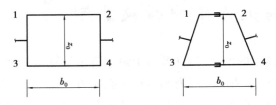

图 3.6　洞口区域轴力铰模型

表 3.2 中所示的不同类型的塑性铰机制意味着洞口区域可有不同的刚度和变形能力,变形能力的大小又可影响整个连续梁的内力重分布及承载力。

表 3.2　组合梁洞口塑性铰类型

种类		洞口上下方部分截面塑性铰类型	模型示意图	等效于全截面塑性铰
①	2 个轴力塑性铰			可出现在纯弯区,相当于 1 个弯矩塑性铰
②	4 个弯矩塑性铰			可出现在反弯点,相当于 1 个剪力塑性铰
③	1 个弯矩塑性铰			可出现在弯剪区,相当于无塑性铰
④	2 个弯矩塑性铰			可出现在弯剪区,相当于无塑性铰
⑤	3 个弯矩塑性铰			可出现在弯剪区,相当于无塑性铰

从表 3.2 可见,洞口区域可出现的塑性铰有弯矩铰、剪力铰和轴力铰 3 种型式,在理论上腹板开洞连续组合梁可在正负弯矩最大截面以及洞口区域出现不同类型的塑性铰,在达到极限荷载时可能形成如图 3.7 所示的 5 种独立的破坏机构。

以上对所有可能的塑性铰种类及破坏机构进行了理论分析,具体会出现什么类型的塑性铰和破坏机构,这仍是认知不多和需弄清的问题,下面就通过本次试验在这些方面进行一些探寻和分析。

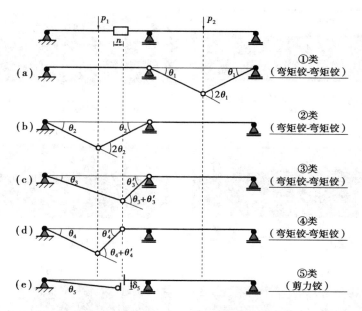

注：n 为塑性铰位置到洞口左端的距离

图 3.7   腹板开洞连续组合梁破坏机构

3.5   组合梁塑性铰特性试验研究

组合梁的截面刚度、变形能力以及洞口参数(如洞口大小、位置、形状等)对腹板开洞组合梁塑性铰的形成都有重要影响。对于本试验的腹板开洞连续组合梁来说存在两个薄弱处(洞口处和中间支座处),与腹板未开洞连续组合梁相比,在塑性铰的形成机理上存在下述可能:

①中间支座混凝土板开裂,板中钢筋屈服,其下方钢梁也出现屈服,在中间支座截面形成塑性铰。

②腹板洞口处 4 个角由于应力集中而较早地进入塑性,塑性的发展又可在 4 个角处的截面形成塑性铰。这会使塑性铰的出现顺序变得比较复杂,因理论上洞口处可出现不同类型的塑性铰机制,即在洞口上方和下方截面内出现不同类型组合的塑性铰。

3.5.1   塑性铰及破坏机构试验验证

腹板无洞连续组合梁 CCB-1 当加载到 $0.3P_u$ 左右后,两集中加载点开始出现两条纵向微小裂缝,并随着荷载的不断增大逐渐向梁两端发展。当荷载达到 $0.61P_u$ 时,组合梁各跨跨中钢梁下翼缘开始屈服。当达到极限荷载 P_u 时,纵向裂缝贯穿组合梁全长。最终 CCB-1 出现典型的弯曲破坏,即中支座截面处首先形成第一个弯矩塑性铰,然后随着荷载的不断增加,两跨的集中加载点处组合梁形成第二个弯矩塑性铰,即出现了图 3.7 中的① + ②类塑性铰,最终形成机构从而丧失承载能力,如图 3.8(a)所示。

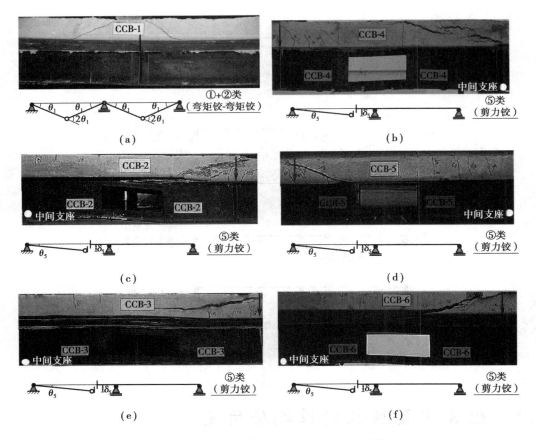

图3.8　连续组合梁洞口处破坏形态及破坏机构图

对腹板开洞连续组合梁 CCB-2～CCB-6 来说当加载到其极限荷载的 $0.25P_u$ 左右时,连续组合梁的负弯矩区开始出现微小裂缝并随荷载的不断增加而扩宽;同时 CCB-2、CCB-3、CCB-5、CCB-6 洞口左上角的混凝土板底开始出现斜裂缝,呈 45°角斜向上向开洞跨中集中荷载加载点处逐渐发展,如图 3.8 所示;CCB-4 则是由洞口右上角的上方混凝土板顶端开始出现斜裂缝,呈 45°角斜向开洞跨负弯矩区中间支座处逐渐发展。随着荷载的继续增大,洞口区域开始出现明显的剪切变形,组合梁无洞跨跨中可见弯曲变形;当荷载达到 $0.42P_u$ 左右时,腹板开洞连续组合梁洞口 4 个角处由于应力集中首先开始屈服,当荷载达到 $0.9P_u$ 左右时,集中加载点(CCB-2、CCB-3、CCB-5 和 CCB-6)或中间支座(CCB-4)与洞口上方角部的 45°斜向裂缝逐渐贯穿,此时组合梁洞口处 4 个角逐渐形成了塑性铰,腹板洞口出现明显剪切变形,即由原先长方形的洞口变为近似平行四边形洞口,试件发生内力重分配,洞口下方钢梁的 T 形截面承担越来越多的轴向应力,这样可以有更大的力臂与洞口上方轴力形成力偶抵抗外荷载弯矩,与此同时,该截面内弯曲应力和剪应力也相应减小,这意味着:剪力向上转移,使洞口上方的混凝土板承担越来越多的剪力,致使板内出现较大的斜裂缝。当达到极限荷载 P_u 时,混凝土板和洞口下方钢梁抵抗弯矩和轴向力的材料储备也已耗尽,从而产生表 3.2 中所示的②类弯矩塑性铰。先后形成的 4 个弯矩塑性铰(等效于一个剪力铰)使组合梁最终形成破坏机构从而完全丧失承载能力,洞口处的破坏形态表现为剪切破坏。综合本次试验结果来看,5 根腹板开洞连续组合梁试件 CCB-2～CCB-6 全部表现为在腹板洞口处形成表 3.2 中②所示的塑性铰类型和图 3.7(e)中所示的第 5 类破坏机构。

3.5.2　连续组合梁截面应变分析

实测应变结果表明,虽然在混凝土翼板和钢梁截面之间存在滑移应变,但 CCB-1 跨中截面的应变分布仍然近似符合平截面假定,如图 3.9(a) 所示。从开洞组合梁(以 CCB-2 为例)加载整个过程中各个控制截面的应变可以看出:除了洞口处不再符合平截面假定外,其余截面仍然近似符合平截面假定,如图 3.9(b)~3.9(f) 所示。另外发现,由于组合梁开洞后存在较大的剪切变形,造成洞口左边钢梁应变沿截面高度呈倒 S 形分布,洞口右边呈 S 形分布,如图 3.9(c) 和图 3.9(d) 所示。

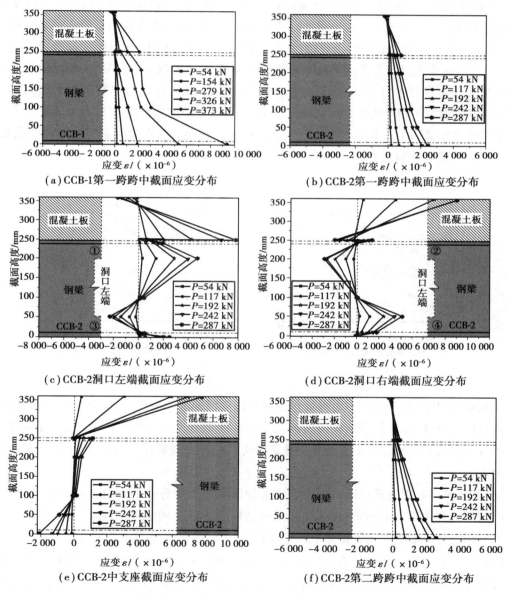

(a) CCB-1第一跨跨中截面应变分布

(b) CCB-2第一跨跨中截面应变分布

(c) CCB-2洞口左端截面应变分布

(d) CCB-2洞口右端截面应变分布

(e) CCB-2中支座截面应变分布

(f) CCB-2第二跨跨中截面应变分布

图 3.9　试件 CCB-1 和 CCB-2 截面应变分布

3.6　组合梁内力重分布试验研究

3.6.1　超静定结构弯矩重分布

结构构件的内力相对于线性弹性分布而发生变化的现象称为内力重分布。一般而言,以结构中常见的超静定梁的内力重分布来说,从图3.10(a)所示的 $P\text{-}M$ (荷载-弯矩曲线)可以看出,当外载 $P \leqslant P_\mathrm{h}$ (屈服荷载)时,其支座弯矩(图中 Os 线)和跨中弯矩(图中 Oc 线)都与荷载保持线性关系。当外载 $P_\mathrm{h} < P \leqslant P_\mathrm{u}$ 时,是支座截面开始形成塑性铰到超静定梁最终破坏的阶段,支座截面从开始形成塑性铰开始,其塑性铰处的截面弯矩 M_a 开始保持常数弯矩的大小 M_p ,这时其与荷载之间的关系由平行于荷载轴的 sk 直线段来表示。此时,支座截面已经丧失了继续抵抗外荷载的能力,新的荷载增长只能由具有剩余抗弯能力的其他截面来承担。此时,各跨跨中的跨中弯矩 M_c 得到更大幅度的增长,其随外载的变化由 ck 线段来表示。上述过程就是对超静定梁内力重分布过程的一个比较详细的描述。该现象就是发生于屈服荷载 P_h 以后的内力重新调整的现象。

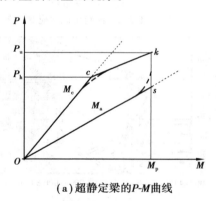
(a)超静定梁的 $P\text{-}M$ 曲线

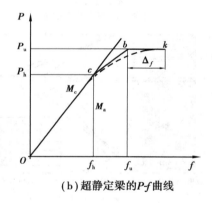
(b)超静定梁的 $P\text{-}f$ 曲线

图3.10　超静定梁的 $P\text{-}M$ 曲线和 $P\text{-}f$ 曲线

按照结构力学知识来说,内力重分布一般存在于超静定结构中。引起内力重分布的根本原因是材料的塑性,常见的是研究内力的一个重要组成部分——弯矩的变化,因此通常又将内力重分布现象称为塑性弯矩重分布。静定结构不存在内力重分布,而是可能出现某截面上的应力重分布。

同样,还可以利用通常所说的刚度变化来加深对内力重分布的理解。一般来说,求解结构的内力可以利用静力平衡条件、几何关系和结构的变形协调条件来确定。其中,静定结构的内力利用静力平衡条件就可以完全确定;而超静定结构还需要利用几何关系和变形协调条件才能求解。而结构的变形又直接取决于截面的刚度。在静定结构中,某一截面的屈服或出现塑性铰对结构的影响为:截面刚度的削弱和结构丧失承载能力是几乎同时发生的。因此,截面刚度的削弱不能改变内力随荷载增长而继续增长的规律,因此内力重分布现象不会发生。在超静定结构中,在最大应力截面的纤维屈服以前,其内力服从虎克定律,即与截面的刚度有关,以各截面之间的刚度比值来确定其与荷载的关系;当最大内力截面开始形成塑性铰时,该截面的刚度受到削弱,各截面之间的刚度比发生变化。刚度比是衡量截面内力分布大小的一个重要参数。刚度比值一变,结构构件各截面之间的内力重分布现象就不可避免了。由于常用的弯矩-曲率关系是理想化曲线的假设,因此,本来应由图 3.10(a)中虚线表示的弯矩曲线在 c 和 s 点出现转折。

图 3.10(b)所示为超静定梁的 P-f(荷载-挠度)曲线。当外载 $P \leqslant P_h$(屈服荷载)时,荷载与挠度服从虎克定律,即按比例增长;当外载 $P_h < P \leqslant P_u$ 后,即在内力重分布阶段,挠度曲线发生转折。如果假定本构关系服从双线性理想弹塑性曲线,外载在达到极限荷载时 P-f(荷载-挠度)曲线甚至会出现一部分平直段,这表明当 $P = P_u$ 或荷载保持 P_u(极限荷载)时,挠度出现无限制的任意增长,当然这种增长在实际情况下并不是无限制的。图 3.10(b)中的 Δf 是破坏机构出现塑性铰开始转动后的挠度增量。

3.6.2　腹板开洞连续组合梁弯矩重分布(整体)

1)荷载-弯矩曲线

图 3.11 给出了全部组合梁试件中间支座和跨中的按实测计算和按弹性计算得到的荷载-弯矩曲线,实测弯矩与弹性弯矩偏离的程度反映弯矩重分布的大小,达到极限荷载时偏离程度最大,分别为 ΔM_s(中间支座)和 ΔM_f(跨中),从加载整个过程中的荷载-弯矩曲线可以看出:

①在加载初期,腹板无洞组合梁 CCB-1 的弹性荷载-弯矩曲线与实测荷载-弯矩曲线出现一段重叠,说明没有发生弯矩重分布,之后才出现分离[图 3.11(a)],而腹板开洞组合梁 CCB-2～CCB-6 的实测荷载-弯矩曲线与弹性荷载-弯矩曲线重叠部分较短,说明较早出现了塑性弯矩重分布[图 3.11(b)～(f)]。随着荷载的增加,组合梁洞口处塑性不断发展,CCB-1～CCB-6 的弯矩调幅程度随着荷载的增大而增加。与 CCB-1 相比,CCB-2～CCB-6 的实测荷载-弯矩曲线更陡峭,说明其偏离弹性荷载-弯矩曲线的速度更快,并且偏离幅度也更大,且实测中支座的偏离幅度远大于实测跨中的偏离幅度,达到极限荷载状态时 ΔM_s 已经远大于 ΔM_f。

②中支座与跨中的实测和弹性计算的荷载-弯矩曲线均呈现出"喇叭口"形状,即下小上大,说明塑性弯矩重分布逐渐增大,且呈非线性。另外,中支座的"喇叭口"比跨中的大,而开洞(CCB-2～CCB-6)的"喇叭口"又比无洞的(CCB-1)大。

2)弯矩调幅

图 3.11 反映了两个截面(中支座和跨中)的弯矩重分布的情况,而沿梁长方向各截面弯矩重分布的情况怎样? 下面分别给出极限荷载时连续组合梁试件的弯矩重分布图。其中图 3.12 所示为腹板无洞组合梁 CCB-1 的弯矩重分布,图 3.13(a)～(e)分别为腹板开洞组合梁 CCB-2～ CCB-6 的弯矩重分布图。

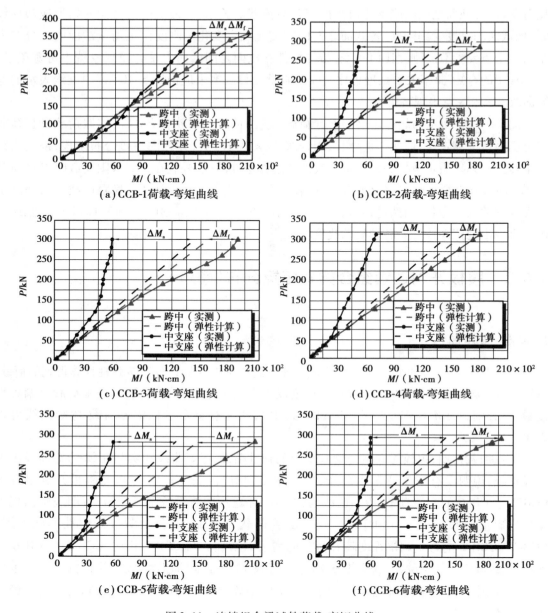

图 3.11　连续组合梁试件荷载-弯矩曲线

从图中可看到：

①开洞组合梁的塑性弯矩重分布是远大于不开洞组合梁（CCB-1）的，如以 CCB-2 为例来说，其比值为 62%/31%＝2。

②开洞组合梁与自身不开洞时相比还有额外的"弯矩重分布"，其值为 17%（CCB-2），这一"弯矩重分布"仅来自开洞，其原因是开洞削弱了其所在跨的刚度，从而也削弱了对临跨（无洞跨）的嵌固作用，其结果表现为支座弯矩的减小。由此可见：开洞组合梁的支座弯矩出现了两次减小，第一次是由于开洞（没有塑性），第二次是由于塑性的出现和发展，两次的减小幅度共计为 17%＋62%＝79%，可见开洞引起的最终弯矩重分布是非常大的。

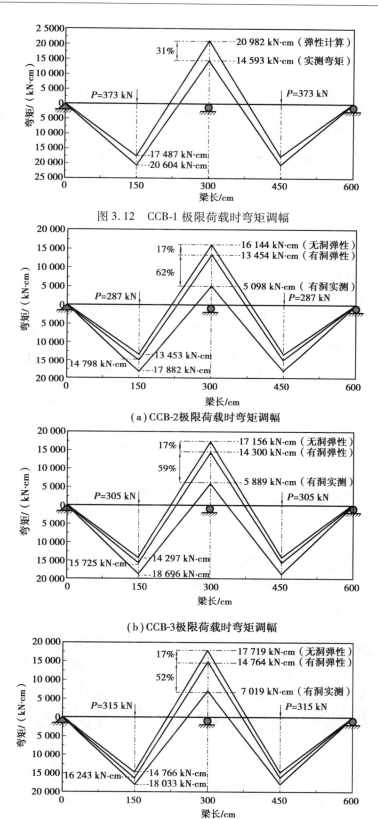

图 3.12　CCB-1 极限荷载时弯矩调幅

（a）CCB-2极限荷载时弯矩调幅

（b）CCB-3极限荷载时弯矩调幅

（c）CCB-4极限荷载时弯矩调幅

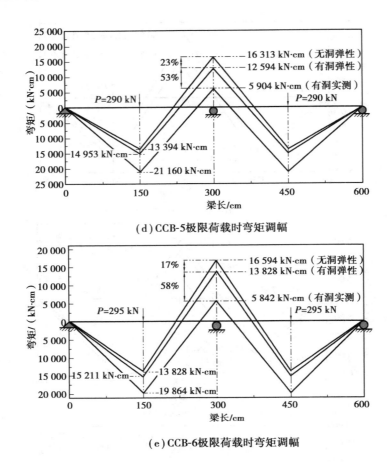

（d）CCB-5极限荷载时弯矩调幅

（e）CCB-6极限荷载时弯矩调幅

图3.13　CCB-2～CCB-6极限荷载时弯矩调幅

③由图3.13还可明显看到,腹板开洞连续组合梁CCB-2～CCB-6的弯矩重分布大小的趋势为从边支座向中支座逐渐变大。

表3.3列出了全部组合梁试件CCB-1～CCB-6的实测极限承载力及弯矩调幅。从表3.2中可以看出腹板开洞连续组合梁(CCB-2～CCB-6)由于开洞引起的第一次弯矩减小幅度达到了17%～23%,由于塑性发展引起的第二次弯矩调幅达到了52%～62%,总的调幅幅度与无洞组合梁(CCB-1)相比是非常可观的。

表3.3　连续组合梁试件承载力及弯矩调幅

编号	洞口	极限荷载	极限荷载弹性弯矩（无洞）$M_{u,t}$		极限荷载弹性弯矩（开洞）$M_{u,e}$		实测极限弯矩 $M_{u,p}$		试验调幅系数	
	有/无	$P_{u,t}$/kN	跨中/(kN·m)	中支座/(kN·m)	跨中/(kN·m)	中支座/(kN·m)	跨中/(kN·m)	中支座/(kN·m)	开洞	塑性
CCB-1	无	373	174.87	209.82	—	—	206.04	145.93	0.00	0.31
CCB-2	有	287	134.53	161.44	147.98	134.54	178.82	50.98	0.17	0.62
CCB-3	有	305	142.97	171.56	157.25	143.00	186.96	58.89	0.17	0.59

续表

编号	洞口 有/ 无	极限 荷载 $P_{u,t}$/kN	极限荷载弹性弯矩 （无洞）$M_{u,t}$		极限荷载弹性弯矩 （开洞）$M_{u,e}$		实测极限弯矩 $M_{u,p}$		试验调幅 系数	
			跨中 /(kN·m)	中支座 /(kN·m)	跨中 /(kN·m)	中支座 /(kN·m)	跨中 /(kN·m)	中支座 /(kN·m)	开洞	塑性
CCB-4	有	315	147.66	177.19	162.43	147.64	180.33	70.19	0.17	0.52
CCB-5	有	290	135.94	163.13	149.53	125.94	211.60	59.04	0.23	0.53
CCB-6	有	295	138.28	165.94	152.11	138.28	198.64	58.42	0.17	0.58

3.6.3　腹板开洞连续组合梁剪力重分布（局部）

在试验量测和有限元模拟计算中发现：开洞除了引起沿梁长的弯矩重分布外，还带来了洞口区域的剪力重分布，即出现了钢梁内的剪力向洞口上方混凝土板内转移的现象。

以 CCB-2 为例，在图 3.14 中给出了总剪力与混凝土板和钢梁沿梁长的剪力分布，该分布是用校准后的有限元计算结果得到的（误差 5%），从图 3.14 可以看到：洞口范围内混凝土板承担了 85% 的截面总剪力，钢梁仅承担了 15%，而在临跨（无洞跨）与洞口对称位置处混凝土板仅承担了 31%，钢梁承担了 69%。原因在于：由于开洞使钢梁腹板被挖去了很大部分可承担剪力的材料，剪力自然就要更多地由混凝土板来承担，当洞口处的钢梁由于主弯曲正应力的作用出现塑性后，就出现了剪力由下向上重分布，最终导致混凝土板承担了绝大部分的剪力而出现斜截面的剪切破坏。因此腹板开洞连续组合梁的剪力重分配使洞口上方混凝土截面的抗剪设计上升为控制设计主要考虑的因素之一。

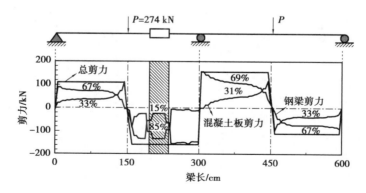

图 3.14　CCB-2 剪力重分布

3.7　小　结

本章介绍了腹板开洞连续组合梁的塑性铰和内力重分布特性。通过 1 根腹板无洞连续组合梁和 5 根腹板开洞连续组合梁对比试验得出如下结论：

①洞口 4 个角处的部分截面内出现弯矩铰,相当于整个截面上的一个剪力铰,试验梁 CCB-2 ~ CCB-6 均由于洞口处混凝土板斜截面破坏而丧失承载力,属于本章 3.4 节中的⑤类机构类型。

②洞口区域钢梁截面呈现明显的 S 形应变分布,平截面假定不再适用于洞口区域。

③开洞组合梁的弯矩重分布远大于不开洞的组合梁,在弹性有洞和无洞对比时,开洞连续组合梁的支座弯矩有 17% ~ 20% 的减小,出现塑性后支座弯矩又有 52% ~ 62% 的减小。

④开洞组合梁在洞口区域还存在由下至上的剪力重分布,最终导致混凝土板承担了绝大部分的剪力。因此,提高洞口上方混凝土板的抗剪承载力成为提高开洞连续组合梁承载力的关键。

第4章
腹板开洞连续组合梁有限元分析

4.1 引　言

在实际力学和物理问题中,人们已经能够得到其应该遵循的基本微分方程和相应的边界条件。但是,只有少数问题可以用解析方法求出其精确解。近几十年来,随着有限元理论和计算机技术的发展,有限单元法作为数值分析方法的一类已经越来越受到科技人员的重视。而且,CAE(Computer Aided Engineering)技术和软件越来越成熟,并已逐渐成为工程师实现工程创新和产品创新的有效工具和得力助手。

有限元法的基本思想就是将连续的求解区域进行离散,可以针对不同模型的几何形状选择相同或不同形状的单元进行联结组合,这样就可以将复杂的无限自由度问题转化为有限自由度的问题进行求解。对腹板开洞连续组合梁而言,由于组合梁是由钢材和混凝土两种不同的材料组合而成,而这两种材料又有着不同的力学性能,加之组合梁的钢梁和混凝土板之间存在滑移效应、洞口位置和形状变化、材料非线性、内力重分布、不同支座形式和荷载作用方式等多种因素,使传统的解析方法已经难以全面反映其受力全过程的内力和变形。因此,运用有限元软件 ANSYS 对腹板开洞组合梁进行数值模拟就成为全面了解组合梁受力性能的一种重要手段。

ANSYS 作为大型通用的有限元软件表现出了其优越的数值分析能力和适应性。并提供了五大学科领域的分析能力:结构分析、热传分析、流场分析、电场分析、磁场分析(电场分析及磁场分析可统称为电磁场分析)。此外,ANSYS 也提供了耦合场分析(Coupled-field Analysis)的能力。本章运用 ANSYS 软件对腹板开洞连续组合梁进行了三维有限元建模,并与试验数据进行了相关对比分析。

4.2 有限元建模

为了比较准确地模拟腹板开洞连续组合梁的非线性特性,正确反映受力过程中的内力及变形情况,建立符合实际情况的 ANSYS 有限元模型就变得十分重要。

4.2.1 单元选择

在连续组合梁的有限元建模中,混凝土板采用 Solid65 单元进行模拟;钢梁上下翼缘采用 Solid45 单元模拟;混凝土板中钢筋采用 Link8 单元模拟;用 Shell43 单元模拟加劲肋;采用 Plane42 单元模拟钢梁腹板,用弹簧单元 Combin39 来模拟栓钉。各种单元的具体特性及其模拟类型参见表 4.1。

表 4.1 组合梁有限元模拟单元及单元特性

单元名称	简称	模拟类型	单元特性	组合梁单元应用示意
Link8	3D 杆	钢筋	弹性、塑性、蠕变、膨胀、大挠度、应力钢化、单元生死等	
Plane42	四边形单元	钢梁腹板	弹性、塑性、蠕变、膨胀、大挠度等	
Shell43	3D 塑性大应变壳	加劲肋	弹性、塑性、蠕变、大变形等	
Solid45	3D 实体元	钢梁翼缘	弹性、塑性、蠕变、膨胀、大挠度等	
Solid65	3D 钢筋混凝土实体元	混凝土翼板	弹性、塑性、蠕变、大变形、大应变等	
Combin39	非线性弹簧单元	栓钉	弹性、大变形、应力刚化等	

4.2.2　材料本构关系

1）混凝土

（1）混凝土受压应力-应变关系曲线描述

混凝土立方体抗压强度 f_{cu} 为 38.65 MPa（采用实测立方体试块抗压强度的平均值，参见 2.3.3.3 节）；单轴压缩时混凝土的泊松比 μ 为 0.15～0.22，这里混凝土泊松比 μ 取值为 0.3，但需要注意的是，实际的混凝土试验表明只有应力小于 $0.8\sigma_c$ 时泊松比 μ 可视作常值，当应力超过 $0.8\sigma_c$ 后，泊松比 μ 值反而增大，临近破坏时 μ 可大于 0.5，增量值甚至可超过 1.0。弹性模量是衡量混凝土变形性能的主要指标，由于混凝土的受压应力-应变曲线为非线性，弹性模量在全曲线的变化过程中是不断变化的，但在组合梁混凝土板的有限元模拟中需注意：输入混凝土的弹性模量为初始弹性模量。这里弹性模量 E_c 取值 3.23×10^4 MPa（采用实测立方体弹性模量的平均值，参见 2.3.3.3 节）。由于组合梁的混凝土板主要承受轴向拉压，要输入混凝土的本构关系，需要首先确定采用哪种形式的混凝土单轴受压的应力-应变曲线。樊健生等在进行压型钢板-混凝土连续组合梁模拟时采用了直线形式的简化本构关系，王鹏等则采用了美国学者 Hognestad 的应力-应变关系曲线来进行腹板开洞简支组合梁的有限元模拟。在本次组合梁模拟中，混凝土采用多线性等向强化模型 MISO 模拟，单轴应力应变关系上升段采用了《混凝土结构设计规范》（GB 50010—2010）规定的公式，下降段采用了美国学者 Hognestad 的建议，即

$$\sigma_c = \begin{cases} f_c\left[1 - \left(1 - \dfrac{\varepsilon_c}{\varepsilon_0}\right)^2 \right] & \varepsilon_c \leqslant \varepsilon_0 \\[3mm] f_c\left[1 - 0.15\left(\dfrac{\varepsilon_c - \varepsilon_0}{\varepsilon_{cu} - \varepsilon_0}\right) \right] & \varepsilon_0 < \varepsilon_c \leqslant \varepsilon_{cu} \end{cases} \tag{4.1}$$

其中：$\varepsilon_0 = 0.002$，$\varepsilon_{cu} = 0.0033$，公式（4.1）可用一系列数据点进行输入。混凝土的应力-应变曲线如图 4.1 所示。

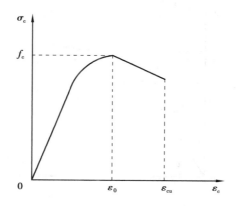

图 4.1　混凝土应力-应变关系曲线

（2）混凝土受拉应力-应变关系曲线描述

混凝土在单调受拉时的应力-应变曲线形状和受压时相似，但其抗拉强度 f_t 明显低于抗压强度 f_c，$f_t \approx 0.1 f_c$，过镇海等的研究表明：在拉应力 σ_t 小于 $(0.4 \sim 0.6) f_t$ 时应力-应变曲线基本上是线性的，初始弹性模量与受压时的弹性模量可视为相同。随着应力的继续增大，应变也随之增大，曲线上凸。混凝土达到 f_t 时的应变为 $(70 \sim 100) \times 10^{-6}$，初始弹性模量与此时的割线模量之比约等于 1.2。曲线上升段的泊松比 μ 在 $0.17 \sim 0.23$ 波动，但在曲线进入下降段后 μ 值变化不大。

2）钢材

型钢和钢筋的本构关系可以采用的模型有理想弹塑性模型（图 4.2）和有强化段的弹塑性模型（图 4.3）。

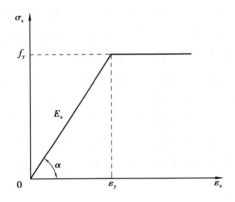

图 4.2　理想弹塑性模型

为帮助收敛，这里均采用具有强化阶段的弹塑性模型 MISO。其应力-应变数学表达式为：

$$\sigma_c = \begin{cases} E_s \varepsilon & 0 < \varepsilon < \varepsilon_y \\ f_y & \varepsilon_y < \varepsilon < \varepsilon_h \\ f_y + E'_s (\varepsilon - \varepsilon_h) & \varepsilon \geqslant \varepsilon_h \end{cases} \qquad (4.2)$$

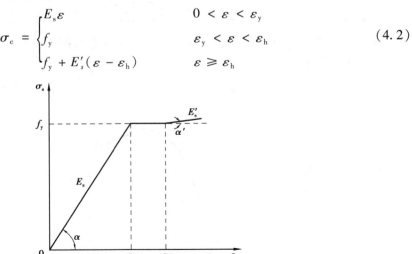

图 4.3　带强化段弹塑性模型

图 4.3 将钢材屈服后的应力-应变关系简化为一段斜直线来表示，这是因为在实际的钢筋

混凝土构件形成塑性铰后,塑性区段的混凝土极限变形很少超过 0.006,所以,钢筋受拉后的变形即使越过其屈服平台进入强化阶段,也不会有很长的强化,因此将强化段简化为直线段,由于同级钢筋 E'_s 的值也比较分散,这里统一取其弹性模量 $E'_s = 0.01E_s$。本书的腹板开洞连续组合梁模拟计算取钢材的 $E_s = 2.06 \times 10^5$ MPa,强化弹性模量 $E'_s = 0.01E_s = 2.06 \times 10^3$ MPa,钢材的屈服强度 f_y 根钢筋和钢材不同位置或型号的材性试验取值(表 2.2、表 2.3),钢材泊松比 $\mu = 0.3$。

3) 栓钉

栓钉的主要作用是传递混凝土板与钢梁交界面之间的纵向剪力和抵抗竖向的相对掀起。国内外很多学者如 Ollgaard、Johnson、Aribert 和张少云等提出多种栓钉的纵向剪力-滑移曲线的表达式。其中尤以 Ollgaard 提出的剪力-滑移模型应用最为广泛,其纵向栓钉的荷载-滑移曲线用下式表示:

$$V = V_u \left(1 - e^{-s_1}\right)^{0.558} \tag{4.3}$$

其中:V_u 为栓钉极限抗剪承载力;S_1 为沿梁长度的纵向相对滑移。

Ollgaard 建议的计算 V_u 的公式为:

$$V_u = 0.5A_s\sqrt{f_c E_c} \leqslant f_u A_s \tag{4.4}$$

在式(4.4)中,A_s 为栓钉横截面积;f_c 为混凝土圆柱体抗压强度;E_c 为混凝土的弹性模量;f_u 为栓钉的极限抗拉强度。该公式的优点是其不但适用于普通混凝土,而且还适应于轻质混凝土,从而被世界各国的规范所采用。我国《钢结构设计标准》(GB 50017—2017)在此基础上结合我国实际情况给出了计算栓钉极限承载力的计算公式如下:

$$V_u = 0.43A_s\sqrt{f_c E_c} \leqslant 0.7\gamma A_s f \tag{4.5}$$

其中:γ 为强屈系数,为栓钉材料的抗拉强度最小值与屈服值之比;f 为栓钉的抗拉强度设计值。

由于钢梁和混凝土板之间的竖向掀起作用与界面的纵向滑移等因素相比,其对连续组合梁的整体工作性能的影响较小,因此本书忽略栓钉的竖向抗拉作用(掀起力),即在有限元建模的过程中直接将混凝土板和钢梁的共用节点的纵横向自由度进行耦合。本书使用的 φ19 栓钉的荷载-滑移曲线如图 4.4 所示。

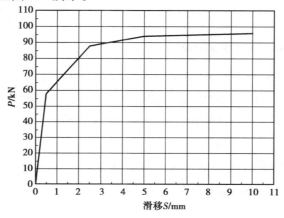

图 4.4　栓钉荷载-滑移曲线

4.2.3 破坏准则

试验证明,达到极限荷载时,混凝土板中钢筋和钢梁基本上处于屈服或强化阶段,不会出现断裂现象。因此,对钢梁和混凝土板中的钢筋不考虑其破坏准则。研究表明:可以将交界面滑移达到 1.25 mm 或 1.40 mm 时的滑移量作为栓钉断裂的破坏界限。实际情况下,交界面的滑移很难超出上述限制,故在有限元建模中也不考虑栓钉的破坏准则。综上所述,在组合梁的 ANSYS 数值模拟中,只需确定混凝土(Solid65 单元模拟)的破坏准则。

混凝土的破坏准则实际上就是用数学函数描述的破坏包络曲面,它可用来判定混凝土是否达到破坏状态或极限强度。Solid65 单元采用 Willam-Warnke 五参数的破坏准则,能够考虑混凝土的开裂和压碎。Solid65 通过主应力状态确定的 4 个区域将破坏分为 4 种情况,在不同的区域采用不同的破坏准则。在拉—压—压区域($0 \geqslant \sigma_1 \geqslant \sigma_2 \geqslant \sigma_3$),基本采用 Willam-Warnke 的五参数破坏准则,一旦条件满足,混凝土将在垂直于主应力 σ_1 的平面发生开裂;在压—压—压区域($0 \geqslant \sigma_1 \geqslant \sigma_2 \geqslant \sigma_3$),采用 Willam-Warnke 的五参数破坏准则,如果满足,则混凝土被压碎;在拉—拉—压区域($\sigma_1 \geqslant 0 \geqslant \sigma_2 \geqslant \sigma_3$),不再采用 Willam-Warnke 准则,极限抗拉强度随 σ_3 绝对值的增大而降低,如果满足破坏条件,则在垂直拉应力的方向上产生开裂);在拉—拉—拉区域($\sigma_1 \geqslant \sigma_2 \geqslant \sigma_3 \geqslant 0$),应力超过混凝土的极限抗拉强度就会直接开裂。

Willam-Warnke 的破坏曲线是采用六段椭圆曲线拟合而成的光滑外凸线。拉压子午面的 Willam-Warnke 五参数曲线和偏截面曲线模型如图 4.5 所示。

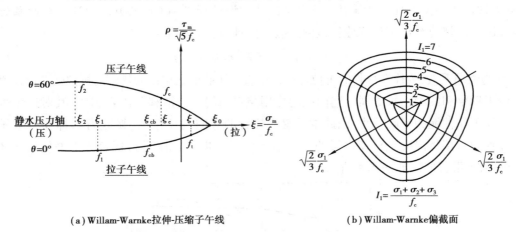

（a）Willam-Warnke拉伸-压缩子午线　　（b）Willam-Warnke偏截面

图 4.5　Willam-Warnke 五参数曲线和偏截面曲线模型

图 4.5 中,弯曲的拉伸子午线和压缩子午线可用下面的二次抛物线形式表达为

$$拉伸:\sigma_m = a_0 + a_1 \rho_t + a_2 \rho_t^2 \tag{4.6}$$

$$压缩:\sigma_m = b_0 + b_1 \rho_c + b_2 \rho_c^2 \tag{4.7}$$

其中:平均应力 $\sigma_m = I_1/3$;ρ_t 为 0°处静水压力轴的应力分量,ρ_c 为 60°处静水压力轴的应力分量;$a_{i(i=0,1,2)}$ 和 $b_{j(j=0,1,2)}$ 为材料常数;式(4.6)和式(4.7)中的 σ_m、ρ_t、ρ_c 分别表示 σ_m/f_c,ρ_t/f_c 和 ρ_c/f_c。

由于拉压子午线必须与静水压力轴交于同点,有:

$$a_0 = b_0 \tag{4.8}$$

剩下的 5 个参数就可以由 5 个典型的试验决定,拉压子午线的数据确定之后,横断面就可以使用适当的曲线和连接子午线来得到。由于 Willam-Warnke 的破坏曲线 3[图 4.5(b)]部分对称,因此只需考虑 $0° \leqslant \theta \leqslant 60°$ 部分就可以画出其偏截面图。在偏截面上,与参数 ρ_t、ρ_c 有关的椭圆形式表达式用极坐标给出:

$$\rho(\theta) = \frac{2\rho_c(\rho_c^2 - \rho_t^2)\cos\theta + \rho_c(2\rho_t - \rho_c)\left[4(\rho_c^2 - \rho_t^2)\cos^2\theta + 5\rho_t^2 - 4\rho_t\rho_c\right]^{\frac{1}{2}}}{4(\rho_c^2 - \rho_t^2)\cos^2\theta + (\rho_c - 2\rho_t)^2} \tag{4.9}$$

根据 Kupfer 的双轴试验和其他三轴试验,Willam-Warnke 破坏函数的 5 个参数由如下 5 个破坏状态确定。

①单轴抗压强度:f_c。

②单轴抗拉强度:$f_t = 0.1 f_c$。

③双轴抗拉强度:$f_{cb} = 1.15 f_c$。

④当 $\sigma_1 > \sigma_2 = \sigma_3$ 时,有侧限的双向抗压强度:$(\sigma_{mc}, \rho_c) = (-1.95 f_c, 2.77 f_c)$。

⑤当 $\sigma_1 = \sigma_2 > \sigma_3$ 时,有侧限的双向抗压强度:$(\sigma_{mt}, \rho_t) = (-3.9 f_c, 3.461 f_c)$。

常数 $a_{i(i=0,1,2)}$ 和 $b_{j(j=0,1,2)}$ 的取值为:

$$a_0 = 0.102\ 5; a_1 = 0.102\ 5; a_2 = 0.102\ 5;$$
$$b_0 = 0.102\ 5; b_1 = 0.102\ 5; b_2 = 0.102\ 5_o$$

4.3　求解方法

通常,计算结构的非线性问题,实质上最终归结为求解非线性的有限元方程问题。组合梁由于受荷载作用方式、支座约束、截面形状和交界面滑移等多种因素影响,使人们只能够得到比较简单荷载和支撑条件下的解析解。值得一提的是,国内在组合梁的有限元分析方面已有相关参考文献,可以根据其针对组合梁专门推导的刚度矩阵自编程来进行组合梁的有限元分析。结构非线性问题包括材料非线性、几何非线性和状态非线性等 3 类。求解非线性问题的方法主要包括:全量法、增量法、初应力法和初应变法。全量法包括 Newton-Raphson 法(NR 法)、修正的 Newton-Raphson 法和拟 Newton-Raphson 法;增量法包括增量加载法、线性加载法和联合求解法;初应力法和初应变法又包括全量迭代法、增量迭代法和增全混合迭代法。

在 ANSYS 中,非线性方程一般采用的是全量法中的 Newton-Raphson 算法。该方法是求解非线性方程的线性方法。非线性基本方程为如下形式:

$$K(u) \cdot u - P(u) = 0 \tag{4.10}$$

Newton-Raphson 算法使用泰勒展开方法构造线性逼近数列,如对具有一阶导数的连续函数 φ,若 $u^{(n)}$ 已知,则在 $u^{(n)}$ 处作一阶泰勒展开,得到如下近似公式:

$$\varphi = \varphi^{(n)} + K_\tau^{(n)}(u - u^{(n)}) \tag{4.11}$$

式中:$\varphi^{(n)}$,$K_\tau^{(n)}$ 分别为 $u^{(n)}$ 处的不平衡力和切线刚度矩阵,且:

$$\begin{cases} \varphi^{(n)} = \varphi(u^{(n)}) = \widetilde{\varphi}(u^{(n)}) - p(u^{(n)}) \\ \qquad = K(u^{(n)}) u^{(n)} - p(u^{(n)}) \\ K_\tau^{(n)} = \dfrac{\partial \varphi}{\partial u}\bigg|_{u=u^{(n)}} = \left(\dfrac{\partial \widetilde{\varphi}}{\partial u} - \dfrac{\partial P}{\partial u} \right)\bigg|_{u=u^{(n)}} \end{cases} \quad (4.12)$$

根据式(4.11),在满足不平衡力为零的条件下,求新的逼近值 $u^{(n+1)}$ 有:

$$\varphi^{(n)} + K_\tau^{(n)} (u^{(n+1)} - u^{(n)}) = 0 \quad (4.13)$$

可构造线性逼近数列的公式:

$$\begin{cases} K_\tau^{(n)} \Delta u^{(n)} = \varphi^{(n)} \\ u^{(n+1)} = u^{(n)} + \Delta u^{(n)} \\ n = 0,1,2,\cdots \end{cases} \quad (4.14)$$

式(4.14)退化到一维情况,其线性逼近过程如图4.6所示。

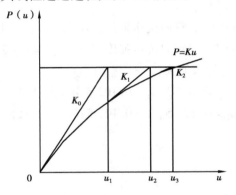

图 4.6　NR 法一维线性逼近

　　NR 法具有计算精度高、收敛快的优点,但是由于其每次迭代都要重新形成切线刚度矩阵,对多自由度的工程结构来说,其计算量是相当巨大的。

4.4　收敛准则与收敛控制

4.4.1　收敛准则

　　有限元检查收敛的准则,有如下 3 种形式:

　　(1)位移收敛准则

$$\begin{aligned} \| \Delta u^{(n)} \| &\le \varepsilon_u \| u^{(n)} \| \\ \| \Delta u^{(n)} \| &\le \varepsilon_u \\ \| \Delta u^{(n)} \| &\le \varepsilon_u (1 + \| u^{(n)} \|) \end{aligned} \quad (4.15)$$

式中,ε_u 为允许容差,可根据结构计算精度来决定,一般取值为 $0.001 \sim 0.005$;当 $u^{(n)} \to 0$ 时,选择第二式比较恰当;当 $\| u^{(n)} \| \to N$(大数)时,选择第三式比较恰当。

（2）平衡收敛准则（不平衡力收敛准则）

$$\| \Delta P^{(n)} \| \leqslant \varepsilon_{\mathrm{p}} \qquad (4.16)$$

式（4.16）中，ΔP^n 为迭代过程中产生的不平衡力；ε_{p} 为不平衡容许容差。

（3）能量收敛准则

$$[\Delta u^{(n+1)}]^{\mathrm{T}}(p - Q^{(n)}) \leqslant \varepsilon[u^{(1)}]^{\mathrm{T}}(P - Q^{(0)}) \qquad (4.17)$$

式中，$\Delta u^{(n+1)}$ 为第 n 次迭代的位移增量；$Q^{(n)}$ 为第 n 次迭代对应的结构内力；$u^{(1)}$ 为第 1 次迭代时的位移。

在迭代过程中，由结构特性引起位移产生剧烈摆动时，这时用位移收敛准则就容易引起误判；当收敛过程缓慢时，使用平衡准则就很难适应。如当材料接近理想塑性时，此时结构刚度矩阵趋零，结构刚度降低，此时微小的不平衡力就会引起很大的位移偏差，这时可以使用能量收敛准则。

4.4.2　收敛控制

由于混凝土是复合多相材料，内部结构复杂，而组合梁又是由混凝土和钢材两种材料组合而成，这就使得组合梁的计算变得比较复杂，正常收敛成为一个比较困难的问题。ANSYS 计算中，在结构接近失效的情况下，正常收敛变得越来越困难，这种不收敛是比较正常的，可以采取提出荷载步的方法对结果进行分析。但有时也会出现在比较小的荷载作用下才会出现计算无法继续进行的现象，这种不收敛属于非正常的不收敛。为了消除在组合梁的有限元模拟计算中出现这种非正常的不收敛现象，可以从下述几个方面进行考量。

（1）混凝土建模

对混凝土建模主要有分离式、组合式和整体式 3 种。本书选择使用整体式建模方法来建立混凝土的模型。相对于分离式模型而言，整体式建模具有建模简单、计算易于收敛的特点。对于腹板开洞连续组合梁来说，由于组合梁钢筋布置比较复杂，这里采用了整体式方法建立混凝土的有限元模型。

（2）单元选项

Solid65 混凝土单元中的 Keyopt 选项可设置成考虑混凝土的拉应力释放，这有利于计算收敛。

（3）混凝土压碎关闭

当不考虑混凝土的压碎时，计算容易收敛；当考虑混凝土的压碎时，收敛变得困难。该项对结果影响不是很大，在分析的时候可以关闭压碎选项，否则，需要不断调整以获取收敛。

（4）网格划分

网格划分越小，计算精度虽然变高，但也会带来应力集中的问题，从而使混凝土越早开裂。因此，需要注意选择合适的网格密度。同时，考虑到腹板洞口的存在，为了得到比较满意的计算结果，对洞口区域则需进行网格细分。

（5）荷载加载点和支座位置的处理

实际工程中的荷载多为面荷载作用，点荷载直接作用的情况比较少见。因此试验组合梁的两点对称集中荷载也是通过工字钢将荷载均匀地施加到组合梁上来实现的。为准确模拟，采用在组合梁模型上设置刚性垫板的方式来实现。支座处也是比较容易产生应力集中的区域，解决的方法是增加垫板或施加面荷载防止应力奇异，这里采取在连续组合梁的 3 个支座上方的钢梁腹板上增设加劲肋的方式来解决。

（6）子步数

ANSYS 中子步数的设置也是非常重要的一个考虑因素。子步数的多寡决定能否正常收敛。

（7）收敛准则和精度选取

当为力加载时，应采用位移收敛准则；当为位移加载时，应采用力收敛准则。收敛精度的选取虽不能从根本上改变收敛的问题，但适当放宽或收缩收敛精度却对最终计算结果产生一定的影响，建议收敛精度控制在 5% 以内。

（8）下降段的处理

牛顿—拉普森方法由于无法越过顶点来计算下降段，这时可考虑采用弧长法等来计算下降段。或者是在加载方式上选择采用位移加载方式，但实际应用发现：该方法对钢材的计算较为理想，在混凝土梁和组合梁的计算上面效果不理想。

4.5 有限元模型

在试件模型的建立过程中，忽略栓钉的竖向抗拉作用（掀起力）。考虑到试件 CCB-3 和 CCB-6 由于配筋率的原因使钢筋布置不对称，为了比较准确地模拟真实试件，我们单独对这两个试件建立整个模型进行分析，如图 4.7 所示。对其余 4 根连续组合梁，为了简化计算，建立了一半模型，如图 4.8 所示。ANSYS 采用力加载方式进行荷载施加；位移收敛准则（收敛准则使用所有自由度不平衡力的 2 范数，收敛容差控制在 0.5% ）；选择 Newton-Raphson 算法求解。

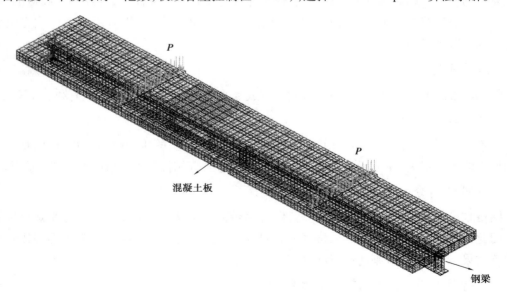

混凝土板

钢梁

（a）整个有限元模型（CCB-3 和 CCB-6）

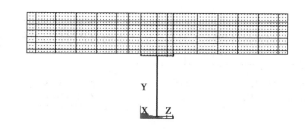

（b）整个模型横截面

图 4.7　整个模型及其横截面

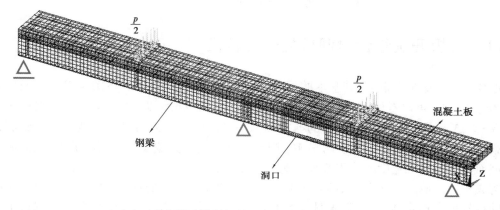

（a）一半有限元模型（CCB-1、CCB-2、CCB-4、CCB-5）

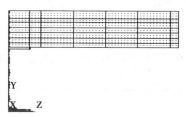

（b）一半模型横截面

图 4.8　一半模型及其横截面

4.6　腹板开洞连续组合梁弹性有限元分析

　　结构构件弹性分析是结构分析的重要方法之一。我国现行《钢结构设计标准》（GB 50017—2017）规定，对于直接承受动力荷载作用或钢梁中受压板件的宽厚比不符合塑性设计要求的组合梁，应该采用弹性分析方法计算。为了研究腹板开洞连续组合梁在弹性阶段受力及变形的基本特征，本书设计了一腹板开洞连续组合梁示例模型，如图 4.9 所示。使用前述有限元建模方法建立有限元模型，对其进行弹性有限元模拟计算。研究的主要内容是腹板开洞连续组合梁的弹性挠度、滑移、混凝土板和钢梁轴力分担特点以及组合梁洞口处钢梁和混凝土板的剪力分担等特点。

　　该示例连续组合梁的混凝土等级为 C30，钢材等级为 Q235B 级；采用 ϕ19 长度为 85 mm 的栓钉按照 4 种不同的间距布置（$c=50$ mm，100 mm，150 mm 和 200 mm），按照 3 种荷载等级（$P=280$ kN，360 kN 和 432 kN）分别考察其变形及受力特征。

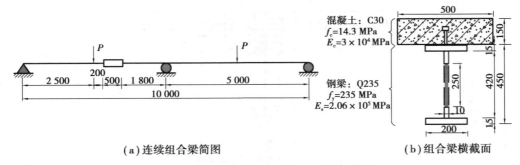

（a）连续组合梁简图　　　　　（b）组合梁横截面

图 4.9　连续组合梁弹性有限元计算示例

4.6.1　腹板开洞组合梁洞口处受力特征

连续组合梁腹板开洞后,其基本的受力示意图如图 4.10 所示。在图 4.10 中,洞口区域的整体弯矩(M_g)可以看作主弯矩(M_p)和次弯矩(M_{sec})的叠加,即 $M_g = M_p + M_{sec}$;其中主弯矩 $M_p = N \cdot Z$,N 代表由组合作用引起的截面轴力,Z 代表力臂,为洞口上方截面形心到洞口下方钢梁截面形心之间的距离。次弯矩 M_{sec} 则是由洞口上下方截面所受到的剪力引起,洞口上下方截面剪力与洞口宽度的乘积叠加即为次弯矩,即 $M_{sec} = (V_t + V_b) \cdot a$。洞口上下方的剪力和构成洞口区域的总剪力 V_g,即 $V_g = V_t + V_b$。这里主次弯矩的符号规定跟材料力学中有关弯矩的符号规定相同:使组合梁或洞口上下方截面的下方受拉为正;使组合梁或洞口上下方截面的下方受压为负。图 4.10 中剩余相关符号的意义为:h_0 为洞口高度;M_{s1}、M_{s2}、M_{s3}、M_{s4} 分别为洞口(①②③④)角点处的次弯矩。

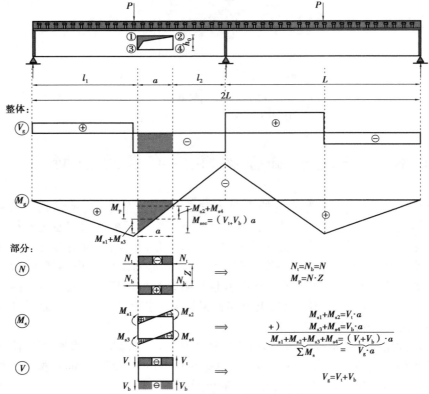

图 4.10　连续组合梁洞口处受力示意图

4.6.2　腹板开洞组合梁挠度特征

当栓钉间距保持不变($c = 15$ cm),腹板开洞连续组合梁在不同荷载大小($P = 280$ kN,360 kN,432 kN)的挠度计算结果如图4.11所示。从图中可以看出:

①随着荷载的不断增加,腹板开洞连续组合梁的挠度不断增大。

②沿洞口长度方向组合梁的挠度呈直线型分布,这是由于洞口区域产生明显剪切变形。

③洞口所在跨的最大挠度明显比无洞跨最大挠度值要大,但组合梁两跨截面的最大挠度仍然发生在荷载作用的跨中位置。

当弹性荷载P($P = 432$ kN)保持不变,腹板开洞连续组合梁在不同栓钉间距($c = 5$ cm,10 cm,15 cm,20 cm)时的挠度计算结果如图4.12所示。从图中可以看出:

①随着栓钉布置间距的不断增加,腹板开洞连续组合梁的挠度也不断增大。

②由于洞口区域产生明显剪切变形使组合梁洞口区段挠度同样呈直线型分布。

③随着组合梁栓钉间距增大,从而使交界面的抗剪连接程度η减小,连续组合梁的挠度随抗剪连接程度η的减小而增加。

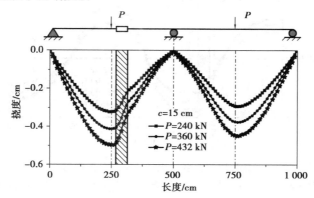

图4.11　荷载变化时开洞组合梁弹性挠度曲线

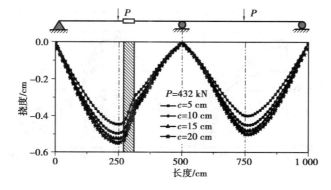

图4.12　栓钉间距时开洞组合梁弹性挠度曲线

4.6.3 腹板开洞组合梁滑移特征

连续组合梁的计算需要考虑由于采用柔性栓钉连接件所带来的混凝土翼板和钢梁之间的滑移效应。当栓钉间距保持不变($c=15$ cm),腹板开洞连续组合梁在不同荷载大小($P=280$ kN,360 kN,432 kN)的挠度计算结果如图4.13所示。从图中可以看出:

①腹板开洞连续组合梁在对称集中荷载作用下,荷载越大,组合梁交界面的滑移越大。

②腹板开洞连续组合梁在不同荷载作用下,界面的滑移均在靠近边支座位置处达到极大值,也就是说极大滑移值出现在支座边或连续组合梁的端部。这是由于边支座的支反力作用使支座处受压,增大了支座处混凝土翼板与钢梁之间的摩擦,从而减小了滑移。

③组合梁的最大滑移分别发生在两对称集中荷载之间的梁段,中间支座处滑移为零。

④当连续组合梁为完全刚性连接,即连接度 $\eta=1$ 时,全截面滑移接近为零,因此在计算时可以忽略滑移的影响。

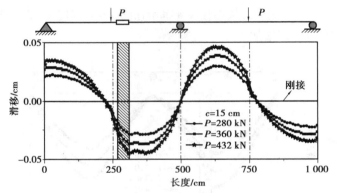

图4.13 荷载变化时开洞组合梁滑移

当弹性荷载 $P(P=432$ kN)保持不变,腹板开洞连续组合梁在不同栓钉间距($c=5$ cm,10 cm,15 cm,20 cm)时的滑移计算结果如图4.14所示。从图中可以看出:

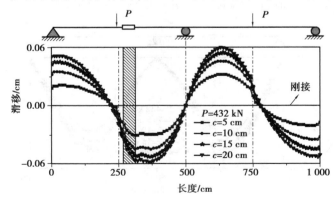

图4.14 栓钉间距变化时开洞组合梁滑移

①腹板开洞连续组合梁在对称集中荷载作用下,栓钉间距越大,组合梁混凝土板和钢梁交界面的滑移也越大。

②与4.6.3节相同,腹板开洞连续组合梁在不同栓钉间距情况下,边支座处界面滑移的

极大值也并未出现在连续组合梁的端部。

③组合梁的最大滑移同样分别发生在两对称集中荷载之间的梁段,中间支座处滑移为零。

④洞口区段滑移不再是光滑曲线分布,而是呈现出斜直线分布。洞口右端到滑移最大值长度的滑移略呈平直段分布。

⑤当连续组合梁为完全刚性连接,即连接度 $\eta = 1$ 时,整个界面滑移接近为零,在计算时可以忽略滑移的影响。

4.6.4　腹板开洞组合梁轴力分担特征

腹板开洞不仅对组合梁的挠度和滑移产生影响,而且还对组合梁混凝土板和钢梁截面承担的轴力产生影响。腹板开洞连续组合梁沿梁长方向混凝土板和钢梁截面承担的轴力如图4.15所示。从图中可以看出:

①混凝土板承担的轴力(压)沿梁长方向从边支座向集中荷载加载点递增,在集中荷载处达到最大值,然后从集中荷载加载点处开始递减。反之,钢梁承担的轴力(拉)也沿梁长方向从边支座向集中荷载加载点递增,在集中荷载处达到最大值,然后从集中荷载加载点处开始递减。

②中间支座两边一定长度梁段混凝土板承受轴向拉力,且在中间支座处轴向拉力达到最大值。钢梁承受轴向压力,在中间支座处轴向压力达到最大值。

③混凝土板承担的轴力与钢梁承担的轴力代数和为零。

④腹板开洞将对组合梁轴力产生一定影响。带洞跨混凝土板承担的轴力(376.7 kN)比无洞跨混凝土板承担的轴力(515.4 kN)明显减少,减少的幅度为26%。

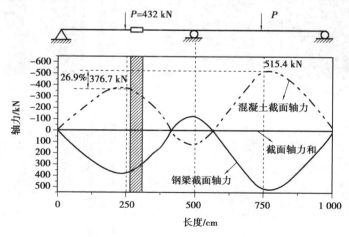

图 4.15　腹板开洞连续组合梁轴力

4.7　腹板开洞连续组合梁非线性有限元分析

为研究腹板开洞连续组合梁试件加载全过程的受力及变形性能、塑性铰及内力重分布特性,根据前述有限元建模方法、材料属性及边界条件,采用 ANSYS 对 6 根组合梁试件建立有限元模型并进行了非线性有限元模拟计算,计算结果与试验结果进行了对比分析,结果表明有限元分析方法对腹板开洞组合梁的计算是准确和可靠的,可以用来进行大量不同边界条件、加载方式、洞口尺寸等的腹板开洞组合梁模拟计算。

4.7.1 腹板开洞连续组合梁受力及承载力试验与有限元结果对比

1) 组合梁板顶裂缝

通过对腹板开洞连续组合梁试件 CCB-2 ~ CCB-6 的加载试验可以发现混凝土板顶裂缝的扩展过程大致分为如下几个阶段:首先,当荷载达到 $0.25P_u$ 左右时,组合梁负弯矩区段混凝土板顶出现两条纵向微小裂缝;其次,随着荷载的不断增加,纵向微小裂缝开始向组合梁两端延伸并扩宽,当荷载达到极限荷载的 $0.5P_u$ 时,混凝土板纵向和横向裂缝开始集中出现;最后,当荷载达到 $0.9P_u$ 左右时混凝土板顶面的裂缝发展已经比较充分,达到极限荷载 P_u 时组合梁混凝土板顶的纵向裂缝已经贯穿组合梁全长,如图 4.16(a) ~ (c)所示。腹板开洞连续组合梁试件洞口上方部分混凝土板顶的裂缝可参看第 2 章的 2.5 节内容。

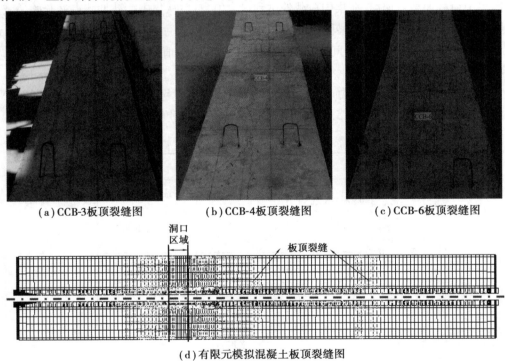

(a) CCB-3板顶裂缝图 (b) CCB-4板顶裂缝图 (c) CCB-6板顶裂缝图

(d) 有限元模拟混凝土板顶裂缝图

图 4.16 组合梁试件试验与有限元板顶裂缝对比图

从图 4.16(a) ~ (c)可以发现,混凝土板顶的裂缝在洞口上方区段最为密集,其次是两集中荷载加载点处。另外,腹板开洞连续组合梁虽然布置了一定数量的横向钢筋,但在加载过程仍然出现了混凝土翼板的微小纵向裂缝问题,这一类似的试验现象也出现在国内外许多组合梁的试验中。引起这一现象的原因是因为混凝土翼板在栓钉附近存在很大的不均匀压应力,离栓钉距离越远,压应力也就越均匀。同时,由于集中力的作用,沿着与荷载垂直的方向产生横向应力,该应力在加载点附近为压应力,离加载点一定距离后变为拉应力。拉应力的作用范围有较大将混凝土板沿纵向劈开的趋势。影响混凝土翼板纵向开裂的因素包括混凝板横向配筋率、连接件的数量、间距、排列形式等。另外,混凝土翼板的厚度和长度以及混凝土的强度等级都是造成混凝土板纵向开裂的因素。有限元数值模拟的组合梁混凝土板顶裂缝也出现这一现象,如图 4.16(d)所示。除此之外,从图 4.16(d)还可看出,ANSYS 较好地模拟了组合梁混凝土板顶部的裂缝情况。

2)洞口处变形与板底斜裂缝

下面以 CCB-2、CCB-5 和 CCB-6 为例来说明试件洞口处变形与板底裂缝扩展情况。当荷载达到 $0.25P_u$ 左右时,3 个试件的洞口左上角混凝土板底开始出现 45°斜向裂缝;当荷载达到 $0.5P_u$ 时,洞口区域出现明显的剪切变形;当荷载达到 $0.9P_u$ 左右时,45°斜向裂缝逐渐贯穿,最终三试件洞口处破坏时出现如图 4.17 所示的板底裂缝。试件 CCB-2 洞口底边钢梁一角被拉裂,如图 4.17(a)所示。

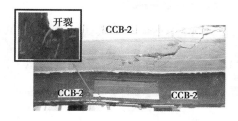

(a)CCB-2洞口处板底裂缝（洞口背面）

(b)CCB-5洞口处板底裂缝（洞口正面）

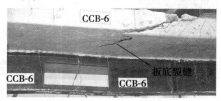

(c)CCB-6洞口处板底裂缝（洞口背面）

图 4.17　试件洞口处板底裂缝

通过对典型的腹板开洞连续组合梁试件的有限元模拟发现:洞口处左上方钢梁角点产生明显的挤压变形;右上方角点混凝土板和钢梁交界处在两栓钉之间出现明显掀起现象,如图 4.18(a)所示。

如图 4.18(b)所示为有限元计算的典型组合梁洞口处板底斜裂缝图。从图中可以看出,有限元模拟计算的结果与试验结果比较类似,说明有限元很好地模拟了试验组合梁的主要变形特征。

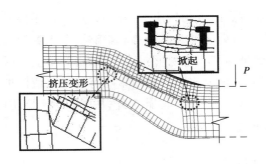

（a）典型的试件洞口处变形（洞口背面）

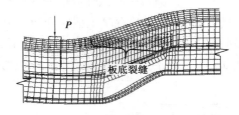

（b）典型的试件洞口处板底裂缝（洞口正面）

图4.18　典型的试件洞口处变形和板底裂缝（有限元）

3）组合梁整体变形

图4.19（a）和（b）分别为试件 CCB-4 极限荷载整体变形的试验与有限元结果。结果显示：腹板洞口左端截面发生较大横向位移，无洞跨可见明显的弯曲变形；由于洞口发生明显剪切变形，带洞跨最大横向位移比无洞跨最大横向位移增大约70%（参见2.5节）。

（a）组合梁极限荷载时变形（试验）　　　（b）组合梁极限荷载时变形（有限元）

图4.19　试验与有限元模拟组合梁试件变形

4）组合梁荷载-挠度曲线

实测和有限元计算所得的连续组合梁试件的荷载-位移曲线对比图如图4.20（a）～（f）所示。由图4.20可知：有限元结果和实测结果在弹性阶段和弹塑性阶段吻合较好，但是由于 ANSYS 在计算中采用了 Newton-Raphson 的迭代算法，从而无法计算出曲线的下降段。这是因为，从几何上讲，Newton-Raphson 的实质就是用一系列的荷载值：

$$P^{(n)} = \text{const}(n = 1,2,3,\cdots) \tag{4.18}$$

与非线性方程：

$$K(u) \cdot u - P(u) = 0 \tag{4.19}$$

进行联立求解。这相当于用公式(4.1)代表的一簇水平直线与曲线相交,并通过这些交点来定义整个解的路径。当曲线上存在极值点时,这种解的路径在极值点处就通不过去,或者是即使能够通过,也不是要找的范围,或即使找到了解但误差很大(由于直线 P = 常数与曲线的切线接近于平行)。由此可见,Newton-Raphson 法在遇到极值点时,这种求解过程就无法继续进行下去。

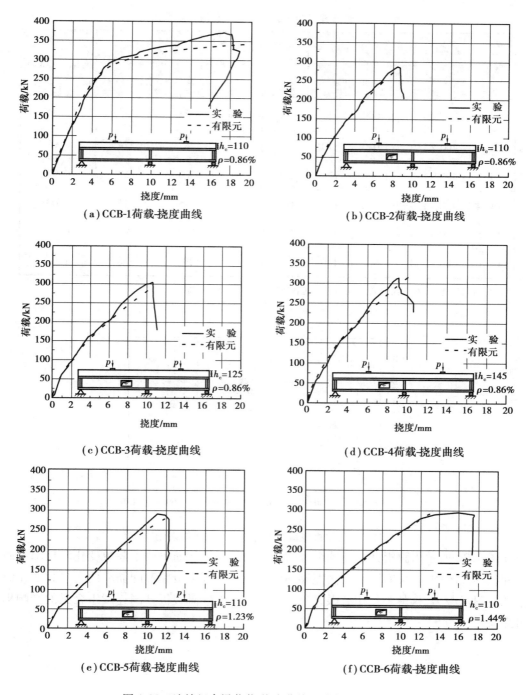

图 4.20　连续组合梁荷载-挠度曲线试验与有限元对比

5) 组合梁极限承载力

6 根连续组合梁试件极限承载力试验与有限元结果对比见表 4.2。图 4.21 给出了组合梁试件极限承载力的有限元与试验结果比值分布,从图中可以看出,有限元结果与试验结果的误差在 8% 以内,能够满足工程精度要求。

表 4.2　组合梁极限承载力试验与有限元结果对比

编号	洞口	混凝土板		配筋率/%		极限荷载		有限元/试验
	$b_0 \times h_0$/mm	b_c/mm	h_c/mm	横向	纵向	试验/kN	有限元/kN	
CCB-1	无洞	1 000	110	0.5	0.86	373	345	0.92
CCB-2	400×150	1 000	110	0.5	0.86	287	274	0.95
CCB-3	400×150	1 000	125	0.5	0.86	305	283	0.93
CCB-4	400×150	1 000	145	0.5	0.86	315	317	1.00
CCB-5	400×150	1 000	110	0.5	1.23	290	280	0.97
CCB-6	400×150	1 000	110	0.5	1.44	295	298	1.01

注:b_0 为洞口宽度,h_0 为洞口高度;b_c 为混凝土板宽度,h_c 为混凝土板高度。

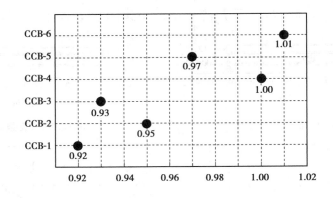

图 4.21　组合梁极限承载力有限元与试验结果比值分布

如图 4.22 所示为腹板开洞连续组合梁试件在板厚和配筋率两个参数变化时极限承载力对比柱状图。图中可见:有限元方法能够很好地模拟混凝土板厚和配筋率两个参数变化时组合梁的极限承载力,这就为使用有限元分析更多变化参数对腹板开洞连续组合梁的影响提供了可靠参考。

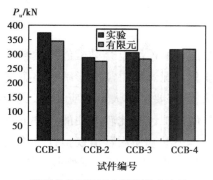
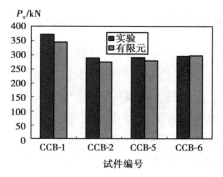

（a）板厚变化开洞组合梁承载力比较　　　　（b）配筋率变化开洞组合梁承载力比较

图 4.22　参数变化时组合梁极限承载力试验与有限元结果比较

6）组合梁洞口处截面剪力分布规律

由于 ANSYS 的 3D 实体单元无法得到截面的内力，求取截面内力就需要采取一定的方法。通常计算 3D 实体截面内力的方法有 3 种，即截面分块积分法、单元节点力求和法和面操作法。为了比较精确地计算组合梁洞口截面各部分的内力，这里采用了单元节点力求和法。单元节点力求和法是通过选择节点和单元，然后对单元节点力求和即可得到所求截面的内力。该方法要求所求内力的截面为一列单元的边界，即截面不能穿过单元，因此这就要求在有限元建模过程中就要提前考虑好需求内力的截面，使单元边界能够满足单元节点力求和法的要求。

表 4.3 列出了实测组合梁和有限元计算的洞口处截面混凝土板截面和钢梁截面各自承担的剪力值。从表中可以看出，实测值和有限元模拟的计算结果基本上吻合。试验与有限元结果吻合程度主要取决于以下因素：截面应变片贴片数量；应变片测量上存在的误差；主应变增量比值 β 的取值，此参数取值对计算结果影响较大。主应变增量比值 β 的计算方法详见 2.4 节。

表 4.3　连续组合梁洞口处截面分担的剪力

编号	混凝土板 $V_{c,t}$/kN			钢梁 $V_{s,t}$/kN			
	试验	有限元	试验/有限元	试验	有限元	试验/有限元	
CCB-1	75.52	90.99	0.83	168.10	158.58	1.06	
CCB-2	149.26	179.83	1.19	26.34	24.85	0.91	
CCB-3	162.37	195.63	1.15	24.26	22.89	0.89	
CCB-4	173.57	209.12	1.20	19.28	18.19	0.82	
CCB-5	150.82	181.71	1.23	26.62	25.11	0.83	
CCB-6	155.23	187.02	1.18	25.27	23.84	0.85	

组合梁洞口截面内力示意图

注：$V_{c,t}$ 为混凝土板承担的剪力；$V_{s,t}$ 为钢梁承担的剪力；CCB-1 的剪力为 CCB-2～CCB-6 相应洞口截面位置处的剪力；M_L^g 为洞口左端总弯矩，M_R^g 为洞口右端总弯矩。

7)组合梁沿梁长截面剪力分布规律

为测定组合梁各重要截面的应变情况,所试验的 6 根连续组合梁试件虽然粘贴了一定数量的应变片,但是只能反映局部少量截面的应变变化情况。如果需要了解沿整个连续组合梁长度方向上应变的变化规律,单靠应变片量测的话,就需要粘贴大量的应变片,这会给试验带来测量不便和耗费大量经费的问题,并且在现有数值模拟计算比较方便的条件下也显得没有必要。在验证了有限元计算结果准确性的基础上,本书继续使用数值模拟计算给出了腹板无洞组合梁 CCB-1 和腹板开洞组合梁 CCB-2 沿梁长度方向混凝土板和钢梁截面的剪力分担,并对其分担规律进行了探讨。

在 2.5.6 节中已经通过试验测量得出如下结论:对腹板无洞连续组合梁来说,混凝土板承担了截面总剪力的 30% 左右,钢梁承担了 70% 左右的剪力;对腹板开洞连续组合梁而言,洞口处混凝土板承担的剪力达到了截面总剪力的 85% ~90% ,钢梁承担的剪力只占到截面总剪力的 10% ~15% 。为了全面了解连续组合梁沿梁长度方向混凝土板和钢梁剪力的分担,图 4.23 给出了腹板无洞连续组合梁 CCB-1 沿梁长度方向混凝土板和钢梁在不同荷载阶段承担剪力的变化情况。

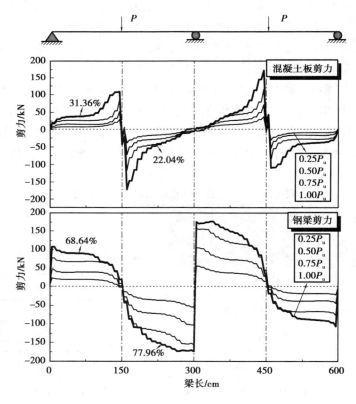

图 4.23 腹板无洞连续组合梁混凝土板和钢梁截面剪力分布

从图中可以看出:

①在相同荷载步距下,混凝土板承担的剪力增加幅度明显比钢梁承担的要小。

②钢梁承担的剪力在荷载的任意阶段都比混凝土板承担的剪力要大。以荷载达到

$1.00P_u$ 为例,混凝土板承担了截面总剪力的 22.04%～31.36%,钢梁则承担了力截面总剪力的 68.64%～77.96% 。

③混凝土板承担的剪力随荷载增加而增大,但增加速度最快的是在 $0.75P_u$ ～ $1.00P_u$ 荷载段;相反,钢梁承担的剪力在该荷载段增加速度变慢。说明在此阶段,随着组合梁塑性发展不断深入及塑性铰的形成,腹板无洞组合梁在钢梁和混凝土板之间存在竖向的剪力重分布现象。

图 4.24 给出了腹板开洞连续组合梁试件 CCB-2 沿梁长度方向混凝土板和钢梁在不同荷载阶段的截面剪力分布。

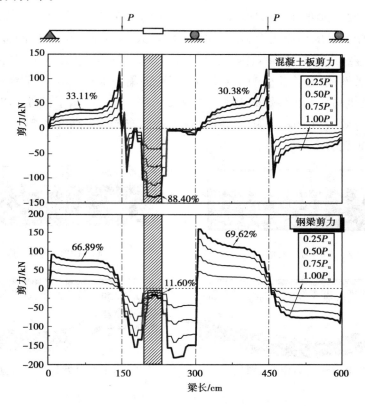

图 4.24　腹板开洞连续组合梁混凝土板和钢梁截面剪力分布

从图中可以看出:

①在相同荷载步距下,除洞口区梁端之外,混凝土板承担的剪力增加幅度也明显比钢梁承担的剪力增加幅度要小;在洞口段,混凝土板截面承担的剪力随着荷载的增加而不断增大。相反,洞口处钢梁截面所承担的剪力随荷载的增加其增长却比较缓慢,这是因为由于挖去绝大部分承担剪力的钢梁腹板,就限制了钢梁承担剪力的增加幅度。

②在洞口梁端,钢梁承担的剪力在荷载的任意阶段明显比混凝土板承担的剪力要大。以荷载达到 $1.00P_u$ 为例,混凝土板承担了截面总剪力的 88.40%,而钢梁则承担了力截面总剪力的 11.60% 。

③在无洞口梁端,钢梁承担的剪力比混凝土板承担的剪力要大。如当荷载达到 $1.00P_u$ 时,第一跨左半跨混凝土板承担了 33.11% 的总剪力,钢梁承担了 66.89% 的截面总剪力。第

二跨左半跨混凝土板承担了30.38%的总剪力,钢梁承担了69.62%的截面总剪力。

④在$0.75P_u \sim 1.00P_u$荷载段,洞口处钢梁承担的剪力几乎没有增加,而混凝土板所承担的剪力则继续增加。这是由于在此荷载阶段,洞口区域4个角点由于应力集中出现屈服并逐渐形成4个弯矩塑性铰(相当于一个剪力铰),引起竖向剪力发生重分布,即原本由钢梁承担的剪力转移到由混凝土板来承担。

4.7.2 组合梁塑性铰特性试验与有限元结果对比

腹板无洞连续组合梁塑性铰的形成受到组合梁的截面刚度、变形能力等的影响,而腹板开洞连续组合梁塑性铰的形成还受洞口参数(如洞口大小、位置、形状等)的影响。

当腹板无洞连续组合梁达到极限荷载P_u时,出现典型的弯曲破坏,即中支座截面处首先形成第一个弯矩塑性铰,随着荷载的不断增加,两跨的集中加载点处组合梁形成第二个弯矩塑性铰,最终形成机构从而丧失承载能力。图4.25(a)~(b)给出了试件CCB-1极限荷载时跨中处的变形和等效应力云图,从中可看出,跨中处约有$2h_s/3$高度和$2h_s$(h_s为钢梁高度)长度的钢梁区域出现屈服。

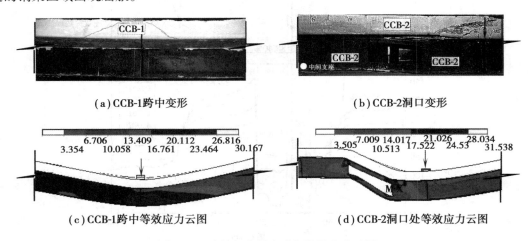

(a)CCB-1跨中变形

(b)CCB-2洞口变形

(c)CCB-1跨中等效应力云图

(d)CCB-2洞口处等效应力云图

图4.25 连续组合梁变形与等效应力云图

对于本试验的腹板开洞连续组合梁来说,虽然其存在两个薄弱处(洞口处和中间支座处),但从试验组合梁的破坏过程来看,洞口处先于中间支座处出现塑性铰并最终导致组合梁丧失承载能力。图4.25(c)、(d)给出了试件CCB-2极限荷载时洞口区域的变形和等效应力云图,从中可看出,洞口处4个角点由于应力集中比中间支座截面提前进入塑性,这与上述试验现象比较吻合。

4.7.3 组合梁弯矩重分布试验与有限元结果对比

图4.26给出了6根连续组合梁实测与有限元模拟的荷载-弯矩曲线对比图。从图中可以看出,本书建立的有限元模型能够比较好地模拟组合梁受力全过程的荷载-弯矩变化情况,试件内力重分布的规律可参见3.6.2节的相关阐述。

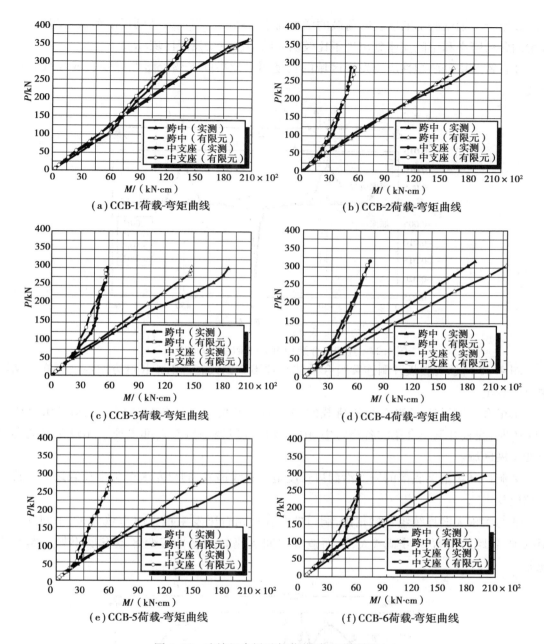

图 4.26　连续组合梁试件荷载-弯矩曲线对比

4.7.4　组合梁钢梁底部纵向应变分布规律

图 4.27 所示为腹板无洞连续组合梁试件 CCB-1 钢梁底部沿梁长度方向应变分布。从图中可以看出：

①当荷载达到 $0.75P_u$ 时,组合梁的中间支座处应变首先达到屈服应变。说明中间支座处最早进入塑性发展,并且会最早出现塑性铰,然后是各跨跨中达到屈服应变,并形成跨中塑性铰。

②组合梁钢梁底部的应变随荷载的增加而不断增大。当荷载达到极限荷载$1.00P_u$时,组合梁的各跨跨中和中间支座处出现了比较明显的塑性应变发展区域。

③各跨跨中处的塑性应变发展区域的长度明显比中间支座处塑性应变发展区域的长度要长。

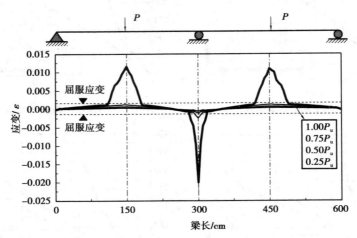

图 4.27　连续组合梁 CCB-1 钢梁底部纵向应变分布

图 4.28 所示为腹板开洞连续组合梁试件 CCB-2 钢梁底部沿梁长度方向应变分布。从图中可以看出:

①组合梁钢梁底部的应变随荷载的增加而不断增大。当荷载达到极限荷载$0.75P_u$～$1.00P_u$时,腹板开洞组合梁的各跨跨中、中间支座处以及洞口左端都出现了比较明显的塑性应变发展区域。

②洞口区域钢梁底部的应变沿洞口长度呈斜直线递减,洞口左端至集中荷载之间出现峰值拉应变。

③与腹板无洞连续组合梁相比,洞口的存在使组合梁发生很大内力重分布,中间支座弯矩减少,各跨跨中弯矩明显增大,从而造成中间支座处的塑性应变区域发展不如各跨跨中充分。

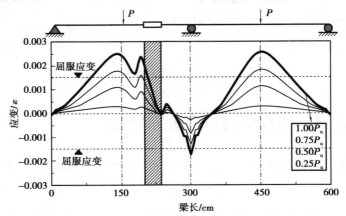

图 4.28　连续组合梁 CCB-2 钢梁底部纵向应变分布

4.8　小　　结

本章通过对 6 根试验连续组合梁进行了弹性和非线性有限元分析,分析的主要内容为:组合梁挠度、界面滑移特征、截面轴力与剪力分担特性、塑性铰及内力重分布特性、钢梁底部应变分布规律,并将数值模拟结果与试验结果进行了对比分析。

对腹板开洞连续组合梁的弹性挠度进行分析得到以下结论:

①沿洞口长度方向组合梁的挠度呈直线型分布,这是由于洞口区域产生了明显剪切变形。

②洞口所在跨的最大挠度明显比无洞跨最大挠度值要大,但组合梁两跨截面的最大挠度仍然发生在荷载作用的跨中位置。

对腹板开洞连续组合梁的交界面滑移进行分析得到以下结论:

①腹板开洞连续组合梁在不同荷载作用下,界面的滑移均在靠近边支座位置处达到极大值,也就是说极大滑移值并出现在支座边或连续组合梁的端部。这是由于边支座的支反力作用使支座处受压,增大了支座处混凝土翼板与钢梁之间的摩擦,从而减小了滑移。

②组合梁的最大滑移分别发生在两对称集中荷载之间的梁段,中间支座处滑移为零。

③腹板开洞连续组合梁在对称集中荷载作用下,栓钉间距越大,组合梁混凝土板和钢梁交界面的滑移也越大。

对腹板开洞连续组合梁的截面轴力分担规律进行分析得到以下结论:

①凝土板承担的轴力(压)沿梁长方向从边支座向集中荷载加载点递增,在集中荷载处达到最大值,然后从集中荷载加载点处开始递减。反之,钢梁承担的轴力(拉)也沿梁长方向从边支座向集中荷载加载点递增,在集中荷载处达到最大值,然后从集中荷载加载点处开始递减。

②腹板开洞对组合梁轴力产生一定影响。以 4.6.4 节给出的示例显示,带洞跨混凝土板承担的轴力(376.7 kN)比无洞跨混凝土板承担的轴力(515.4 kN)明显减少,减少的幅度达到26%。

对连续组合梁的截面剪力分担规律进行分析得到以下结论:

①对腹板无洞连续组合梁来说,混凝土板承担了截面总剪力的 30% 左右,钢梁承担了70% 左右的剪力;对腹板开洞连续组合梁而言,洞口处混凝土板承担的剪力达到了截面总剪力的 85% ~ 90%,钢梁承担的剪力只占到截面总剪力的 10% ~ 15%。

对连续组合梁的钢梁底部应变规律进行分析得到以下结论:

②对腹板无洞连续组合梁来说,当荷载达到极限荷载 $1.00P_u$ 时,组合梁的各跨跨中和中间支座处出现了比较明显的塑性应变发展区域。对腹板开洞连续组合梁来说,当荷载达到极限荷载 $0.75P_u$ ~ $1.00P_u$ 时,腹板开洞组合梁的各跨跨中、中间支座处以及洞口左端都出现了比较明显的塑性应变发展区域。

　　另外,通过连续对组合梁进行有限元模拟计算并与试验结果进行对比,得出两者在破坏形态、变形特征、极限承载力、荷载-位移曲线、荷载-弯矩曲线等方面有比较好的吻合,验证了有限元方法的准确性。

第5章
腹板开洞连续组合梁承载力影响参数分析

5.1 引 言

腹板开洞会使组合梁受力性能发生改变,如刚度和强度的降低、变形增大等。对连续组合梁而言,由于其本身已经存在一薄弱位置(中间支座处),加上腹板开洞使洞口再形成一新的薄弱处,两个薄弱处同时存在使问题变得相对复杂。实际上影响腹板开洞连续组合梁受力性能的因素可以细分为很多:例如洞口形状和大小、洞口位置(包括横向偏心和纵向平移)、洞口数量、混凝土板配筋率、洞口补强方式等。如果考虑对影响连续组合梁性能的上述因素都逐一进行试验研究,则需要耗费大量人力和物力。因此为了更加全面反映上述因素对组合梁的影响程度,本章在对前述6根试验连续梁按照影响参数进行编组(无洞对比梁、A组、B组)的基础上仍以工程中常见的矩形洞口为研究对象,另外设计了C、D、E、F、G 5组共12根连续组合梁试件进行了有限元数值模拟计算,进一步揭示了腹板开洞连续组合梁在上述参数影响下的内在受力规律。

5.2 不同弯剪比(M/V)组合梁洞口破坏形态

腹板洞口的破坏形态与洞口所处的弯矩剪力区段有密切的关系。由于洞口可能开在纯弯区段、纯剪区段和弯剪区段,因此在理论上洞口可存在如下3种破坏形态:

①当弯剪比(M/V)比较大时,例如这里取为当弯剪比 $M/V = \infty$ 时,即腹板洞口设置在纯弯区段,此时洞口区域只有弯矩作用而没有剪力。此时,洞口区域总弯矩与主弯矩相等,而主弯矩由洞口上下方截面的轴力引起,此时发生如表 5.1① 所示的弯曲破坏。

②当洞口设置在连续组合梁的纯剪区段时,此时洞口区域只有剪力引起的次弯矩,主弯矩等于零,此时洞口处次弯矩等于总弯矩。洞口上下方截面受到剪力作用并引起洞口区域产生较大的剪切变形,通常发生如表 5.1② 所示剪切破坏。

③当洞口设置在连续组合梁的弯剪区段时,此时洞口既有剪力引起的次弯矩作用,也有轴力引起的主弯矩作用。较大的剪力可引起洞口上下方截面产生较大的剪切变形,而且洞口区域在次弯矩作用下可在洞口四角区域形成弯矩铰,如表5.1③所示。

表 5.1   不同弯剪比(M/V)组合梁洞口破坏形态

区段位置	M/V	破坏形态	特征描述
①纯弯区	$M/V=\infty$		$M_g = M_p$ $V = 0$ 弯曲破坏
②纯剪区	$M/V=0$		$M_g = M_{sec}$ $M_p = 0$ 剪切破坏
③弯剪区	$M/V=(0,\ \infty)$		剪切破坏

注:M_g为总弯矩;M_p为主弯矩;M_{sec}为次弯矩。

5.3　影响参数

本章主要针对如下几个影响腹板开洞连续组合梁受力性能的参数影响进行研究：

（1）混凝土翼板厚度

主要设计 3 种板厚的试件（$h_c = 110\ \text{mm}$、125 mm、145 mm）进行对比分析，试件编号分别为 CCB-2、CCB-3 和 CCB-4。

（2）混凝土板纵向配筋率

主要设计 3 种配筋率（$\rho = 0.86\%$、1.23%、1.44%）的试件进行对比分析，试件编号分别为 CCB-2、CCB-5 和 CCB-6。

（3）洞口宽度

主要设计 3 种洞口宽度（$b_0 = 100\ \text{mm}$、300 mm、400 mm）的试件进行对比分析，试件编号分别为 C1、C2 和 CCB-2。

（4）洞口高度

主要设计 3 种洞口宽度（$h_0 = 50\ \text{mm}$、100 mm、150 mm）的试件进行对比分析，试件编号分别为 D1、D2 和 CCB-2。

（5）洞口位置

主要设计 4 种不同洞口位置的试件进行对比分析，试件编号分别为 CCB-2、E1、E2 和 E3。

（6）洞口偏心

主要设计 3 种洞口偏心（$k = 0\ \text{mm}$、+40 mm、-40 mm）的试件进行对比分析，试件编号分别为 CCB-2、F1 和 F2。

（7）多洞口

设计 3 根编号为 G1 ~ G3 的腹板开双洞连续组合梁试件，变化参数为洞口间距，对洞口间相互影响原理及其受力特性进行探讨。

本章在对 6 根试验连续梁试件按照影响参数进行编组（无洞对比梁、A 组、B 组）的基础上仍以工程中常见的矩形洞口为研究对象，另外对 C、D、E、F、G 5 组 10 根连续组合梁试件进行了有限元数值模拟计算，进一步揭示参数变化对腹板开洞连续组合梁受力及承载力性能的影响。其中，混凝土板采用 Solid65 单元模拟；钢梁腹板和翼缘分别采用 Plane42 和 Solid45 单元模拟，钢筋采用 Link8 单元模拟；用弹簧单元 Combin39 模拟栓钉。混凝土、钢材和栓钉本构关系均采用 4.2.2 节所列内容输入。试件受力及承载力的影响参数见表 5.2，腹板开洞连续组合梁试件基本几何参数如图 5.1 所示。

表 5.2 腹板开洞连续组合梁受力及承载力影响参数表

组别	编号	钢梁尺寸 $h_s \times b_f \times t_w \times t_f$/mm	洞口 $b_0 \times h_0$/mm	混凝土板 b_c/mm	混凝土板 h_c/mm	配筋率(ρ) 横向	配筋率(ρ) 纵向	洞口位置 b_1/mm	洞口位置 b_2/mm	洞口位置 L_0/mm	变化参数(研究重点)
对比梁	CCB-1	250×125×6×9	无洞	1 000	110	0.5%	0.86%	—	—	—	—
A	CCB-2	250×125×6×9	400×150	1 000	110	0.5%	0.86%	1 950	650	850	板厚
A	CCB-3	250×125×6×9	400×150	1 000	125	0.5%	0.86%	1 950	650	850	
A	CCB-4	250×125×6×9	400×150	1 000	145	0.5%	0.86%	1 950	650	850	
B	CCB-5	250×125×6×9	400×150	1 000	110	0.5%	1.23%	1 950	650	850	纵向配筋率
B	CCB-6	250×125×6×9	400×150	1 000	110	0.5%	1.44%	1 950	650	850	
C	C1	250×125×6×9	100×150	1 000	110	0.5%	0.86%	2 100	800	850	洞口宽度
C	C2	250×125×6×9	300×150	1 000	110	0.5%	0.86%	2 000	700	850	
D	D1	250×125×6×9	400×50	1 000	110	0.5%	0.86%	1 950	650	850	洞口高度
D	D2	250×125×6×9	400×100	1 000	110	0.5%	0.86%	1 950	650	850	
E	E1	250×125×6×9	400×150	1 000	110	0.5%	0.86%	550	2 050	2 250	洞口位置
E	E2	250×125×6×9	400×150	1 000	110	0.5%	0.86%	1 650	950	1 150	
E	E3	250×125×6×9	400×150	1 000	110	0.5%	0.86%	2 350	250	450	
	F2								下偏 $k = +40$		

其余参数和尺寸同 CCB-2

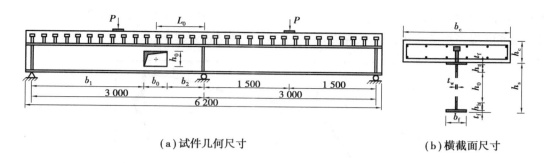

（a）试件几何尺寸　　　　　　　　　　**（b）横截面尺寸**

图 5.1　腹板开洞连续组合梁试件几何参数

5.3.1　混凝土板厚

　　从定性角度来讲,组合梁混凝土翼板的厚度越大,连续组合梁的承载能力越高,但混凝土板厚度增加到底在多大程度上影响腹板开洞连续组合梁的受力性能,这一点也是我们了解不多的。因此,基于上述原因,本节在固定其他参数不变,只在混凝土板厚度变化的前提下,选取试验试件 CCB-2 ~ CCB-4 编为 A 组,通过对组合梁的受力和变形进行研究,定量地对混凝土板厚的影响进行分析。A 组 CCB-2 ~ CCB-4 共设计有 110 mm、125 mm 和 145 mm 3 种板厚。试件的几何尺寸及研究点示意图如图 5.2 和图 5.3 所示。

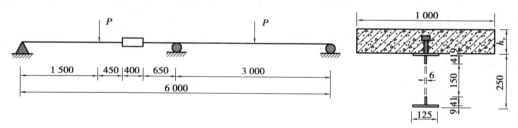

图 5.2　板厚变化连续组合梁试件几何和横截面尺寸

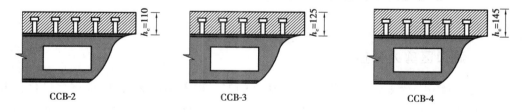

图 5.3　腹板开洞连续组合梁板厚变化示意图

5.3.1.1　承载能力和变形能力

　　实测混凝土板厚变化时试件的荷载-位移曲线如图 5.4 所示。从图 5.4 和表 5.3 可得出如下结论:

　　①开洞梁与未开洞梁相比(以 CCB-2 与 CCB-1 为例),CCB-2 比 CCB-1 的极限荷载降低了 23%,加载点的最大挠度下降了 48%。

　　②与 CCB-2 相比,当板厚增加 15 mm 时,CCB-3 的承载力提高了 6.27%;当板厚增加

35 mm时,CCB-4 的承载力提高了9.76%。但是变形能力则提高不大,这说明增加混凝土板的厚度能够提高组合梁极限承载能力,但对变形能力影响不大。

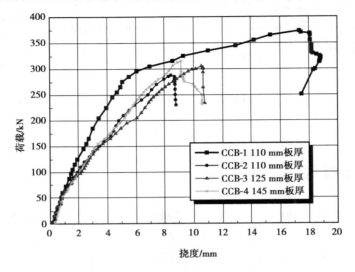

图 5.4 板厚变化组合梁荷载-挠度曲线

表 5.3 混凝土板厚变化连续组合梁受力及承载力影响参数表

组别	编号	洞口	变化参数	极限荷载	最大挠度	$P_{u,i}/P_{u,1}$	$f_{u,i}/f_{u,1}$
			板厚/mm	$P_{u,i}$/kN	$f_{u,i}$/mm	$(i=1,2,3,4)$	$(i=1,2,3,4)$
对比梁	CCB-1	无	110	373	18.86	1.00	1.00
A	CCB-2	有	110	287	9.89	0.77	0.52
	CCB-3	有	125	305	10.93	0.82	0.58
	CCB-4	有	145	315	10.60	0.84	0.56

5.3.1.2 洞口区剪力分担

对腹板开洞组合梁来说,其破坏形态为典型的洞口处剪切破坏,这已被许多试件试验所验证。本书进行的腹板开洞连续组合梁试验表明:腹板开洞连续组合梁的破坏过程是首先在洞口处形成剪力铰,然后形成破坏机构从而丧失承载能力。由于混凝土翼板开裂后的内部变形协调条件尚未建立,在复杂应力状态下的强度理论还不成熟,由解析法建立剪切强度计算公式还是相当困难。将聂建国等介绍的计算公式应用到腹板开洞连续组合梁的抗剪承载力计算,可以实现钢梁洞口区域钢梁和混凝土板的剪力分离。根据本书的试验研究,已经对洞口区域剪力重分布的机理有了一定的认识,参见3.6.3节。从表5.4可以得出以下结论:

无洞对比梁 CCB-1 与开洞梁 CCB-2～CCB-4 相应洞口位置相比,钢梁承担了70%左右的截面总剪力,混凝土板承担了约30%的剪力,而开洞梁在洞口处的钢梁承担了10%～15%的剪力,混凝土板承担了85%～90%的剪力。说明现行规范在组合梁计算中只考虑钢梁腹板的抗剪而忽略混凝土板的抗剪作用已不再适用于腹板开洞连续组合梁。

表 5.4　混凝土板厚变化连续组合梁洞口处截面分担的剪力

组别	编号	洞口	（相应）洞口位置			$V_{c,t}/V_t$	$V_{s,t}/V_t$
			V_t/kN	$V_{c,t}/kN$	$V_{s,t}/kN$		
对比梁	CCB-1	无	243.62	75.52	168.10	31%	69%
A	CCB-2	有	175.60	149.26	26.34	85%	15%
	CCB-3	有	186.63	162.37	24.26	87%	13%
	CCB-4	有	192.85	173.57	19.28	90%	10%

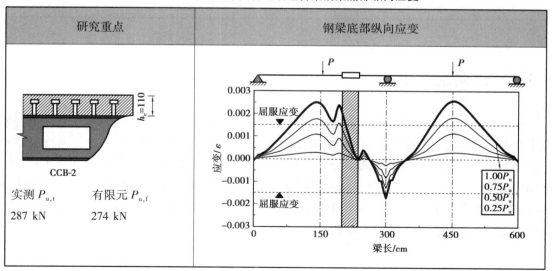

组合梁洞口截面内力示意图

注：V_t 为截面总剪力；$V_{c,t}$ 为混凝土板承担的剪力；$V_{s,t} = V_{s,t1} + V_{s,t2}$，其中 $V_{s,t}$ 为钢梁承担的剪力，$V_{s,t1}$ 为钢梁上 T 形截面剪力，$V_{s,t2}$ 为钢梁下 T 形截面剪力；M_L^g 为洞口左端总弯矩，M_R^g 为洞口右端总弯矩。

5.3.1.3　钢梁底部纵向应变规律

表 5.5 为混凝土板厚度变化连续组合梁钢梁底部纵向应变分布，从表 5.5 的对比分析可以得出如下结论：

①从钢梁底部纵向应变的塑性发展来看，腹板开洞组合梁的各跨跨中、中间支座处以及洞口左端都出现了比较明显的塑性应变发展区域。

②虽然随着混凝土板厚度的增加，连续组合梁的极限承载能力有所增加，但除了中间支座处钢梁塑性发展出现差异外，其余两个差别不大，这也进一步验证了混凝土板厚度变化对组合梁的变形能力影响不大。

表 5.5　混凝土板厚变化连续组合梁钢梁底部纵向应变

研究重点	钢梁底部纵向应变
CCB-2　$h_c=110$　实测 $P_{u,t}$　287 kN　有限元 $P_{u,f}$　274 kN	

续表

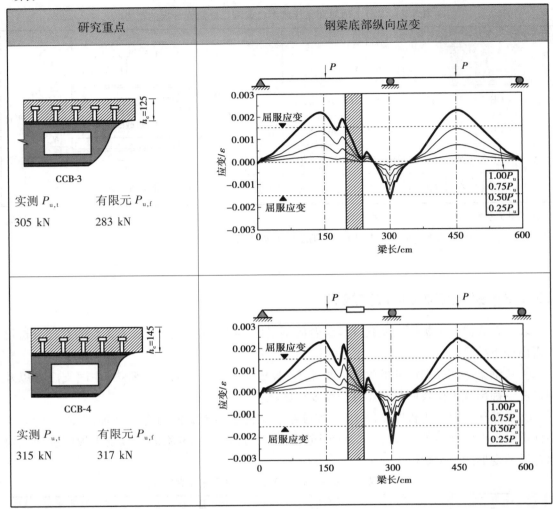

5.3.2　纵向配筋率

　　配筋率(包括横向和纵向配筋率)是影响钢-混凝土组合梁性能的又一因素。聂建国等研究了横向配筋率对钢-混凝土组合梁纵向开裂及组合梁抗弯性能的影响,得出横向配筋率不足将影响组合梁的塑性极限抗弯强度并给出其建议的配筋率取值范围。在满足上述横向配筋率的前提下,本书研究了混凝土板纵向配筋率变化对连续组合梁受力性能的影响,共设计 3 种配筋率并选取试验试件 CCB-5、CCB-6 编为 B 组并与 CCB-2 进行了对比,试件的几何尺寸及研究点示意图如图 5.5 和图 5.6 所示。

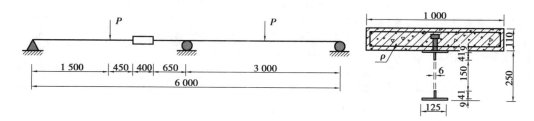

图 5.5　配筋率变化连续组合梁试件几何和横截面尺寸

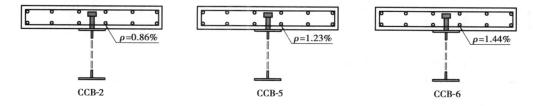

图 5.6　腹板开洞连续组合梁配筋率变化示意图

5.3.2.1　承载能力和变形能力

实测混凝土纵向配筋率变化时试件的荷载-位移曲线如图 5.7 所示。从图 5.7 和表 5.6 可得出如下结论：

①与 CCB-2 相比，当纵向配筋率增加 0.37% 时，CCB-5 的承载力提高了 1.05%；当配筋率增加 0.58% 时，CCB-6 的承载力提高了 2.79%。

②与 CCB-2 相比，CCB-5 与 CCB-6 的变形能力相应提高了 36.09% 和 90.51%。

综上所述，增加混凝土板中的纵向配筋率能够大幅度地提高组合梁变形能力，但对承载能力的提高不大。

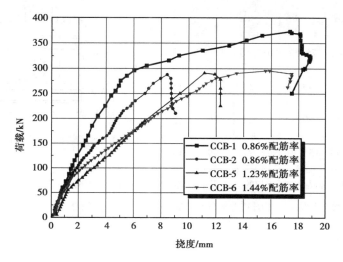

图 5.7　配筋率变化连续组合梁荷载-挠度曲线

表 5.6　配筋率变化连续组合梁受力及承载力影响参数表

组别	编号	洞口	变化参数	极限荷载	最大挠度	$P_{u,i}/P_{u,1}$ $(i=1,2,3,4)$	$f_{u,i}/f_{u,1}$ $(i=1,2,3,4)$
			纵向配筋率/ρ	$P_{u,i}$/kN	$f_{u,i}$/mm		
对比梁	CCB-1	无	0.86%	373	18.86	1.00	1.00
A	CCB-2	有	0.86%	287	9.89	0.77	0.52
B	CCB-5	有	1.23%	290	12.33	0.78	0.65
	CCB-6	有	1.44%	295	17.26	0.79	0.92

5.3.2.2　洞口区剪力分担

　　表 5.7 为纵向配筋率变化时组合梁试件洞口处截面分担的剪力值。从表 5.7 的对比分析中可以得出以下结论：

　　随着配筋率的增加，洞口处混凝土板承担的剪力值也随之增加，钢梁承担的剪力值有减小的趋势，说明配筋率的增加能够提高一点组合梁的竖向抗剪承载能力，但提高幅度不是很大。

表 5.7　配筋率变化连续组合梁洞口处截面分担的剪力

组别	编号	洞口位置			$V_{c,t}/V_t$	$V_{s,t}/V_t$
		V_t/kN	$V_{c,t}$/kN	$V_{s,t}$/kN		
对比梁	CCB-1	243.62	75.52	168.10	31%	69%
A	CCB-2	175.60	149.26	26.34	85%	15%
B	CCB-5	177.44	150.82	26.62	85%	15%
	CCB-6	180.50	155.23	25.27	86%	14%

组合梁洞口截面内力示意图

注：V_t 为截面总剪力；$V_{c,t}$ 为混凝土板承担的剪力；$V_{s,t}=V_{s,t1}+V_{s,t2}$，其中 $V_{s,t}$ 为钢梁承担的剪力，$V_{s,t1}$ 为钢梁上 T 形截面剪力，$V_{s,t2}$ 为钢梁下 T 形截面剪力；M_L^g 为洞口左端总弯矩，M_R^g 为洞口右端总弯矩。

5.3.2.3　钢梁底部纵向应变规律

　　表 5.8 为配筋率变化连续组合梁钢梁底部纵向应变分布，从表 5.8 的对比分析中可以得出如下结论：

①从钢梁底部纵向应变的塑性发展来看,腹板开洞组合梁的各跨跨中、中间支座处以及洞口左端都出现了比较明显的塑性应变发展区域。

②组合梁 3 个塑性应变发展区域的应变随配筋率的增大而增加,这也进一步验证了纵向配筋率变化能够提高组合梁的变形能力。

表 5.8　配筋率变化连续组合梁钢梁底部纵向应变

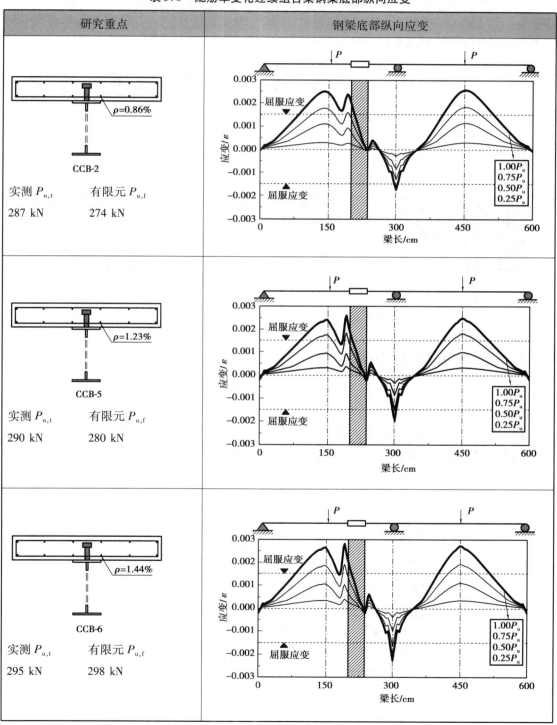

5.3.3　洞口宽度

为研究洞口宽度变化对腹板开洞连续组合梁受力性能的影响,共设计 3 种不同洞口宽度（100 mm,300 mm 和 400 mm）的试件进行对比,试件编号分别为 C1、C2 和 CCB-2,试件的几何尺寸及研究点示意图如图 5.8 和图 5.9 所示。

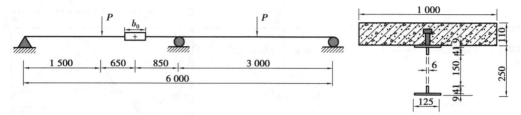

图 5.8　洞口宽度变化连续组合梁试件几何和横截面尺寸

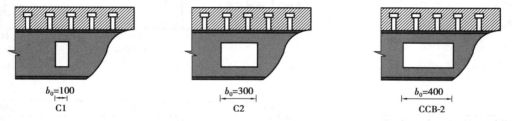

图 5.9　连续组合梁洞口宽度变化示意图

5.3.3.1　承载能力和变形能力

洞口宽度变化时连续组合梁试件的荷载-位移曲线如图 5.10 所示。从图 5.10 和表 5.9 可得出如下结论:

①随着组合梁洞口宽度的不断增加,连续组合梁的承载能力不断降低。

②随着洞口宽度的增加,组合梁的变形能力有所下降,但降低幅度不大。

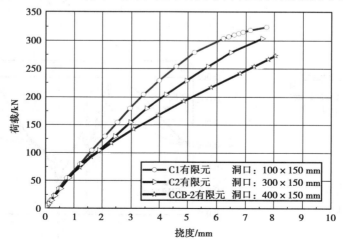

图 5.10　洞口宽度变化连续组合梁荷载-挠度曲线

表 5.9　洞口宽度变化连续组合梁受力及承载力影响参数表

组别	编号	洞口	变化参数	极限荷载	最大挠度
			洞口宽度/mm	$P_{u,i}$/kN	$f_{u,i}$/mm
C	C1	有	100	324	7.56
	C2	有	300	305	7.42
A	CCB-2	有	400	274	8.06

5.3.3.2　洞口区剪力分担

表 5.10 为洞口宽度变化时组合梁试件洞口处截面分担的剪力值。从表 5.10 的对比分析中可以得出以下结论：

随着洞口宽度的增加，洞口处混凝土板承担的剪力值有增加的趋势，钢梁承担的剪力值有不断减小的趋势。这是因为根据洞口处剪力—次弯矩—轴力相互关系原理，洞口宽度越大，洞口 4 个角点处的次弯矩越大，从而用来承担剪力的材料储备就相应减少。

表 5.10　洞口宽度变化连续组合梁洞口处截面分担的剪力

组别	编号	洞口位置			$V_{c,t}/V_t$	$V_{s,t}/V_t$	
		V_t/kN	$V_{c,t}$/kN	$V_{s,t}$/kN			
C	C1	199.66	124.66	75.00	62%	38%	
	C2	183.78	153.10	30.68	83%	17%	
A	CCB-2	175.60	149.26	26.34	85%	15%	组合梁洞口截面内力示意图

注：V_t 为截面总剪力；$V_{c,t}$ 为混凝土板承担的剪力；$V_{s,t} = V_{s,t1} + V_{s,t2}$，其中 $V_{s,t}$ 为钢梁承担的剪力，$V_{s,t1}$ 为钢梁上 T 形截面剪力，$V_{s,t2}$ 为钢梁下 T 形截面剪力；M_L^g 为洞口左端总弯矩，M_R^g 为洞口右端总弯矩。

5.3.3.3　钢梁底部纵向应变规律

表 5.11 为洞口宽度变化时连续组合梁钢梁底部纵向应变分布，从表 5.11 的对比分析可以得出：

①当洞口宽度等于 100 mm 时，中间支座处和两集中加载点处的塑性应变发展明显大于洞口区域的塑性应变。从荷载施加全过程来看，由于洞口宽度减小，洞口处也晚于中间支座和加载点位置进入塑性，最终连续组合梁发生弯矩破坏。因此，为提高连续组合梁的极限承载力并尽量保证组合梁不发生剪切破坏，洞口宽度宜尽量减小，王鹏等建议洞口宽度取值为 2

倍洞口高度,即 $b_0 = 2h_0$。

②当洞口宽度等于 300 mm 时,中间支座处和两集中加载点处的塑性应变发展要小于洞口区域的塑性应变。这说明达到极限荷载时,集中加载点处几乎未达到屈服应变就因为组合梁发生洞口处剪切破坏从而丧失继续承载能力。

表 5.11　洞口宽度变化连续组合梁钢梁底部纵向应变

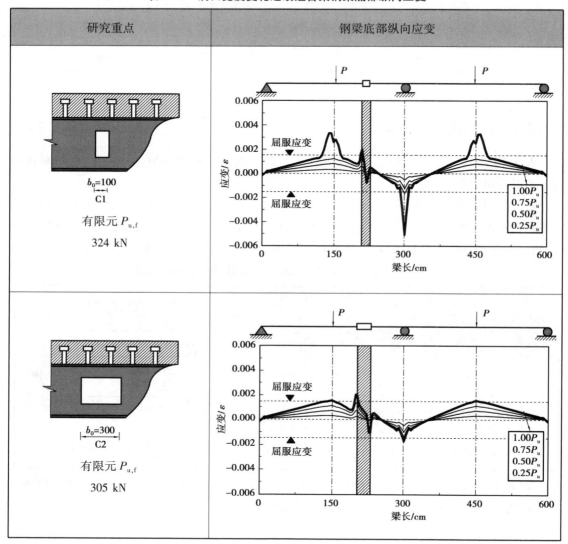

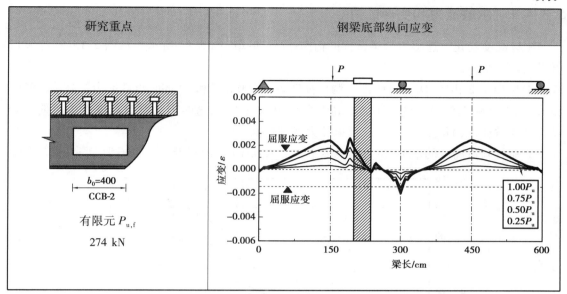

5.3.4　洞口高度

为研究洞口高度变化对腹板开洞连续组合梁受力性能的影响,共设计 3 种不同洞口高度(50 mm,100 mm 和 150 mm)的连续组合梁试件进行对比,试件编号分别为 D1、D2 和 CCB-2,试件的几何尺寸及研究点示意图如图 5.11 和图 5.12 所示。

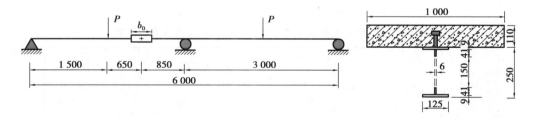

图 5.11　洞口高度变化连续组合梁试件几何和横截面尺寸

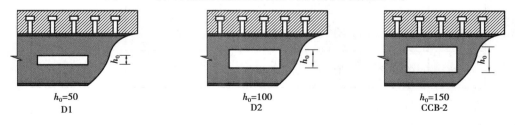

图 5.12　腹板开洞连续组合梁洞口高度变化示意图

5.3.4.1　承载能力和变形能力

洞口高度变化时连续组合梁试件的荷载-位移曲线如图 5.13 所示。从图 5.13 和表 5.12 可得出如下结论：

①与 CCB-2 相比，D1 和 D2 由于洞口高度减小 100 mm 和 50 mm，承载能力提高了6.57% 和 33.21%。说明洞口高度减小会提高组合梁的承载能力，这时因为洞口高度减少可使组合梁的刚度增加，从而使组合梁的极限承载力得到提高。

②随着洞口高度的增加，组合梁的变形能力有所下降，但降低幅度也不大。

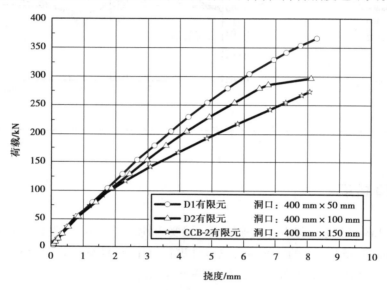

图 5.13　洞口高度变化连续组合梁荷载-挠度曲线

表 5.12　洞口高度变化连续组合梁受力及承载力影响参数表

组别	编号	洞口	变化参数	极限荷载	最大挠度
			洞口高度/mm	$P_{u,i}$/kN	$f_{u,i}$/mm
D	D1	有	50	365	8.28
	D2	有	100	292	8.11
A	CCB-2	有	150	274	8.06

5.3.4.2　洞口区剪力分担

表 5.13 为洞口高度变化时组合梁试件洞口处截面分担的剪力值。从表 5.13 的对比分析中可以得出以下结论：

　　随着洞口高度的不断增加,洞口处混凝土板承担的剪力值占总剪力的比重也随之增加,钢梁承担的剪力值比重不断减小。原因为洞口高度越大,洞口处用于承担剪力的材料不断减少,从而剪力就要更多地由洞口上方的混凝土板来承担。

表 5.13　洞口高度变化连续组合梁洞口处截面分担的剪力

组别	编号	洞口位置			$V_{c,t}/V_t$	$V_{s,t}/V_t$
		V_t/kN	$V_{c,t}$/kN	$V_{s,t}$/kN		
D	D1	223.84	120.02	103.82	54%	46%
	D2	176.46	123.68	52.78	70%	30%
A	CCB-2	175.60	149.26	26.34	85%	15%

组合梁洞口截面内力示意图

注:V_t 为截面总剪力;$V_{c,t}$ 为混凝土板承担的剪力;$V_{s,t} = V_{s,t1} + V_{s,t2}$,其中 $V_{s,t}$ 为钢梁承担的剪力,$V_{s,t1}$ 为钢梁上 T 形截面剪力,$V_{s,t2}$ 为钢梁下 T 形截面剪力;M_L^g 为洞口左端总弯矩,M_R^g 为洞口右端总弯矩。

5.3.4.3　钢梁底部纵向应变规律

　　表 5.14 为洞口高度变化时连续组合梁钢梁底部纵向应变分布,从表 5.14 的对比分析中可以得出:

　　随着洞口高度的增加,极限荷载状态下洞口位置处的塑性应变不断增加,并最终超过中间支座和集中加载点处塑性应变。说明洞口高度越大,对组合梁的受力也越不利。

表 5.14　洞口高度变化连续组合梁钢梁底部纵向应变

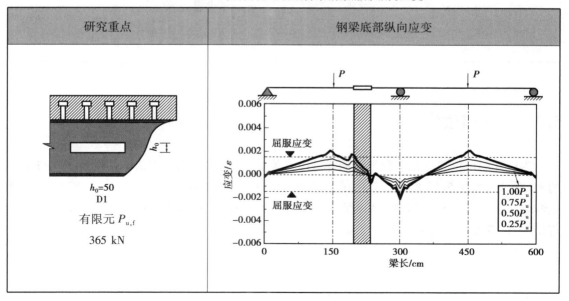

续表

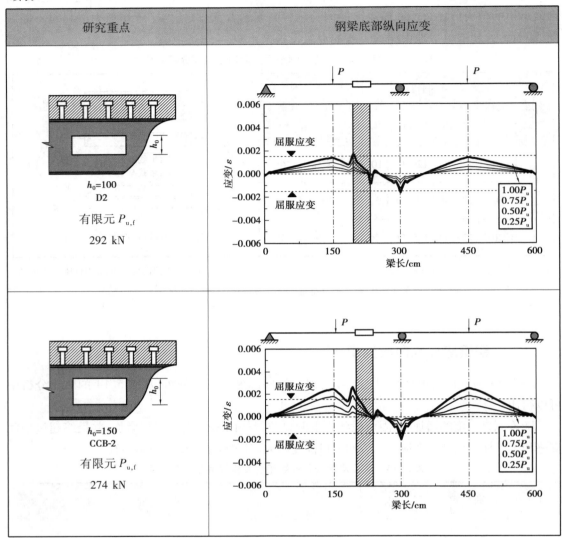

5.3.5 洞口位置

为研究洞口位置变化对腹板开洞连续组合梁受力性能的影响,本次试件设计了 4 种不同的洞口位置,如图 5.14 所示。其中试件 E1 的洞口位于组合梁正弯矩正剪力区;E2 洞口位于正弯矩负剪力区;CCB-2 洞口中心线位于反弯点处,跨越正负弯矩区;E3 洞口位于组合梁负弯矩区,位置参数详见表 5.2。

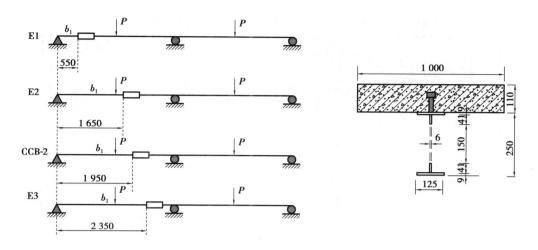

图 5.14　洞口位置变化连续组合梁试件几何和横截面尺寸

5.3.5.1　承载能力和变形能力

洞口位置变化时连续组合梁试件的荷载-位移曲线如图 5.15 所示。模拟计算发现洞口位置变化对腹板开洞连续组合梁具有以下特点：

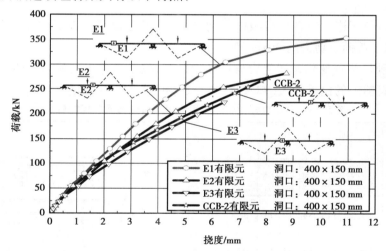

图 5.15　洞口位置变化组合梁荷载-位移曲线对比

①对试件 E1 来说，由于洞口处在两集中荷载作用点之外，洞口处出现塑性铰后，连续组合梁还能继续承受荷载，直到中间支座截面形成塑性铰才最终丧失承载能力；而 E2、CCB-2、E3 则是洞口处发生剪切破坏后随即丧失继续承载能力，因此 E1 的承载力最终要高于 E2、CCB-2、E3 的承载能力。

②从洞口截面抵抗来说，CCB-2 的洞口由于处在正负弯矩交界处，此处弯矩较小，因此可以有更多的材料用来抵抗截面剪力，与 E2 和 E3 相比，其承载力最高；而 E3 洞口处于负弯矩区，混凝土板过早开裂使此处成为最不利位置。组合梁承载能力大小排序为 E1（354 kN）> CCB-2（287 kN）> E2（279 kN）> E3（242 kN），见表 5.15。综上所述，上述结果可为选择最佳的开洞位置提供借鉴。

表 5.15　洞口位置变化连续组合梁受力及承载力影响参数表

组别	编号	洞口大小	变化参数	极限荷载	最大挠度
		$b_0 \times h_0$/mm	洞口位置 b_1/mm	$P_{u,i}$/kN	$f_{u,i}$/mm
E	E1	400×150	550	354	10.93
	E2	400×150	1 650	279	8.73
	E3	400×150	2 350	242	6.44
A	CCB-2	400×150	1 950	274	8.07

5.3.5.2　洞口区剪力分担

表 5.16 为洞口位置变化时组合梁试件洞口处截面分担的剪力值。从表 5.16 的对比分析中可以得出以下结论：

①不论洞口位于连续组合梁腹板的任何位置，混凝土板都承担了截面总剪力的 85% ~ 93%，钢梁承担了截面总剪力的 7% ~15%。

②在 4 个洞口位置变化连续组合梁试件中，洞口位于正弯矩负剪力区的 E2 的混凝土板承担的剪力占总剪力的比重最大(93%)，钢梁仅承担了 7% 的截面总剪力。

表 5.16　洞口位置变化连续组合梁洞口处截面分担的剪力

组别	编号	洞口位置			$V_{c,t}/V_t$	$V_{s,t}/V_t$	
		V_t/kN	$V_{c,t}$/kN	$V_{s,t}$/kN			
E	E1	136.92	119.84	17.08	88%	12%	
	E2	170.46	159.14	11.32	93%	7%	
	E3	129.04	112.06	16.98	87%	13%	
A	CCB-2	175.60	149.26	26.34	85%	15%	组合梁洞口截面内力示意图

注：V_t 为截面总剪力；$V_{c,t}$ 为混凝土板承担的剪力；$V_{s,t} = V_{s,t1} + V_{s,t2}$，其中 $V_{s,t}$ 为钢梁承担的剪力，$V_{s,t1}$ 为钢梁上 T 形截面剪力，$V_{s,t2}$ 为钢梁下 T 形截面剪力；M_L^g 为洞口左端总弯矩，M_R^g 为洞口右端总弯矩。

5.3.5.3　钢梁底部纵向应变规律

表 5.17 为洞口位置变化连续组合梁钢梁底部纵向应变分布，从表 5.17 的对比分析可以

得出如下结论：

①洞口位置对连续组合梁的影响较大，不同位置的洞口可引起不同的破坏形态。

②洞口位于负弯矩区时（E1），组合梁基本未进入塑性应变发展就发生洞口处剪切破坏，说明洞口布置在负弯矩区是比较不利的。

表 5.17　洞口位置变化连续组合梁钢梁底部纵向应变

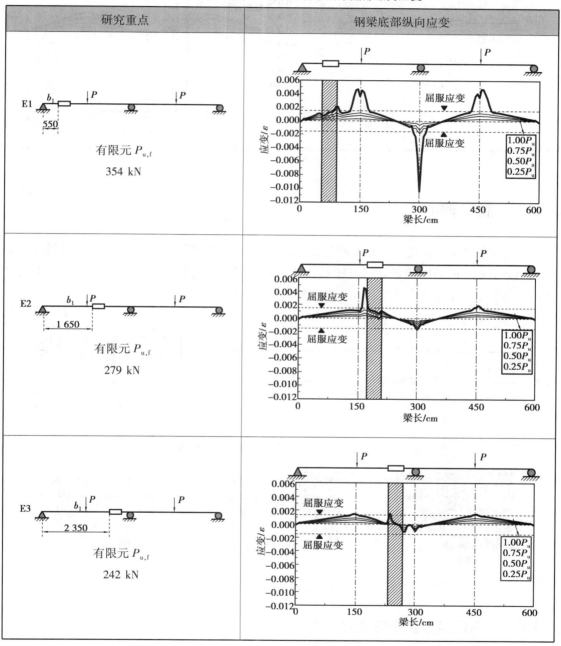

续表

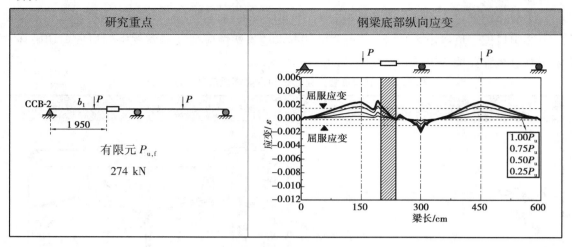

研究重点	钢梁底部纵向应变

5.3.6　洞口偏心

为研究洞口偏心变化对腹板开洞连续组合梁受力性能的影响,共设计 3 种不同洞口偏心($k = 0$ mm,± 40 mm)的腹板开洞连续组合梁试件进行对比分析,试件编号分别为 CCB-2、F1 和 F2,试件的几何尺寸及研究点示意图如图 5.16 和图 5.17 所示。

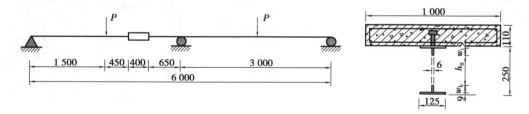

图 5.16　洞口偏心连续组合梁试件几何和横截面尺寸

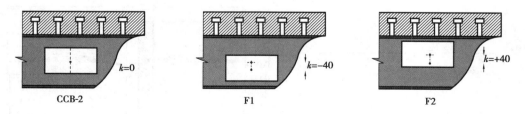

图 5.17　腹板开洞连续组合梁洞口偏心示意图

5.3.6.1　承载能力和变形能力

洞口偏心距 k 变化时连续组合梁试件的荷载-位移曲线如图 5.18 所示。从图 5.18 和表 5.18 可以得出如下结论:

①洞口上偏组合梁($k = +40$ mm)和洞口下偏组合梁($k = -40$ mm)的极限承载力比洞口

无偏心组合梁($k = 0$ mm)的极限承载力分别提高了 6.57% 和 9.49%,说明洞口偏心对腹板开洞连续组合梁的承载力有一定影响。

②洞口上偏组合梁($k = +40$ mm)和洞口下偏组合梁($k = -40$ mm)的极限承载力比洞口无偏心组合梁($k = 0$ mm)的变形能力分别提高了 47.83% 和 45.48%,说明洞口偏心能在一定程度上提高腹板开洞组合梁的变形能力。

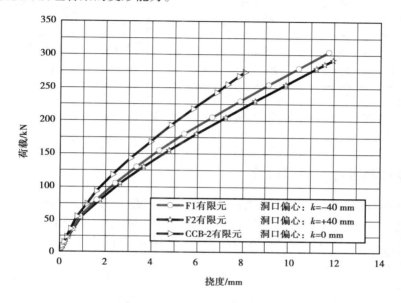

图 5.18　洞口偏心变化组合梁荷载-挠度曲线

表 5.18　洞口偏心连续组合梁受力及承载力影响参数表

组别	编号	洞口	变化参数	极限荷载	最大挠度
			洞口偏心 k/mm	$P_{u,i}$/kN	$f_{u,i}$/mm
A	CCB-2	有	0	274	8.07
F	F1	有	-40	300	11.74
	F2	有	+40	292	11.93

5.3.6.2　洞口区剪力分担

表 5.19 为洞口位置变化时组合梁试件洞口处截面分担的剪力值。通过对表5.19 的对比分析中可以得出:洞口偏心对组合梁钢梁和混凝土板的剪力分担影响不大,基本上还是钢梁承担 15% 左右的截面总剪力,混凝土板承担 85% 左右的截面总剪力。

表 5.19　洞口偏心连续组合梁洞口处截面分担的剪力

组别	编号	洞口位置			$V_{c,t}/V_t$	$V_{s,t}/V_t$
		V_t/kN	$V_{c,t}$/kN	$V_{s,t}$/kN		
A	CCB-2	175.60	149.26	26.34	85%	15%
F	F1	197.68	164.20	33.48	83%	17%
	F2	173.86	143.42	30.44	82%	18%

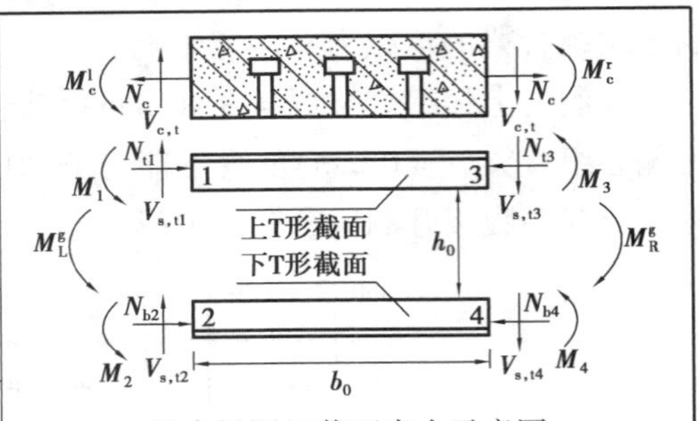

组合梁洞口截面内力示意图

注:V_t为截面总剪力;$V_{c,t}$为混凝土板承担的剪力;$V_{s,t}=V_{s,t1}+V_{s,t2}$,其中 $V_{s,t}$为钢梁承担的剪力,$V_{s,t1}$为钢梁上 T 形截面剪力, $V_{s,t2}$为钢梁下 T 形截面剪力;M_l^g为洞口左端总弯矩,M_R^g为洞口右端总弯矩。

5.3.6.3　钢梁底部纵向应变规律

表 5.20 为洞口位置变化连续组合梁钢梁底部纵向应变分布,从表 5.20 的对比分析可以看出:相对于组合梁洞口上偏和洞口无偏心,洞口下偏心时洞口处钢梁底部纵向应变变化相对平缓。

表 5.20　洞口偏心连续组合梁钢梁底部纵向应变

CCB-2

有限元 $P_{u,f}$

274 kN

F1

有限元 $P_{u,f}$

300 kN

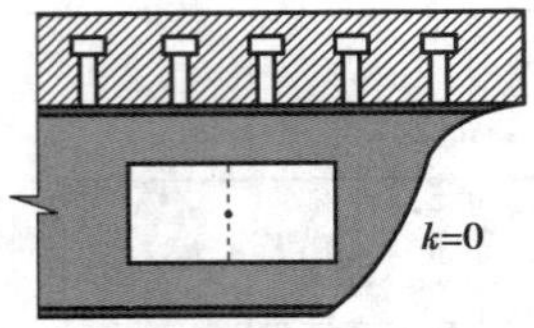

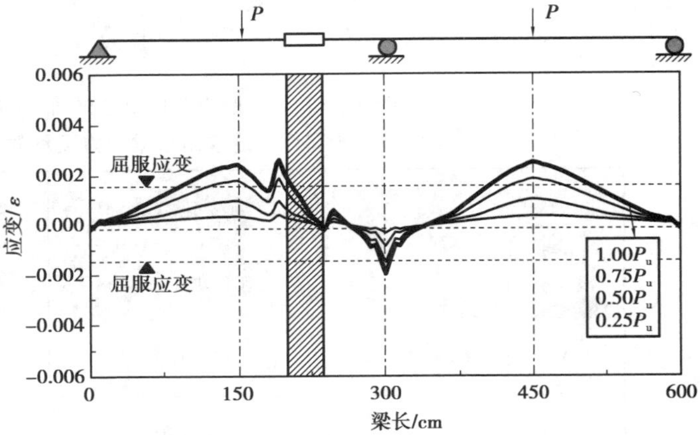

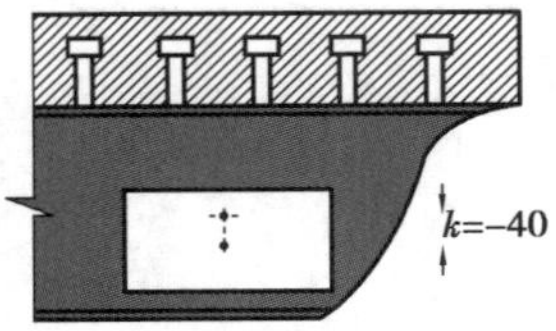

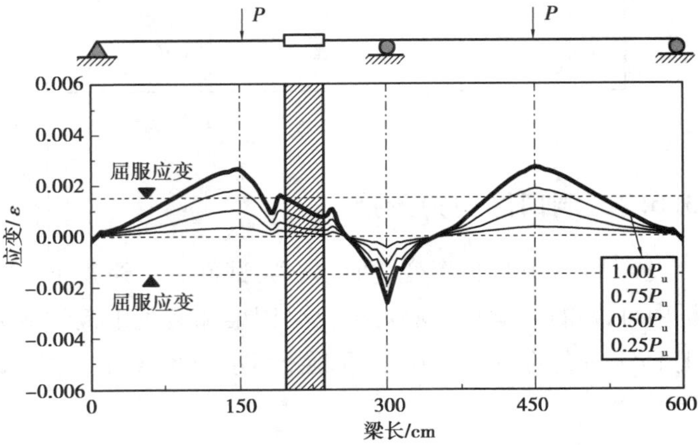

续表

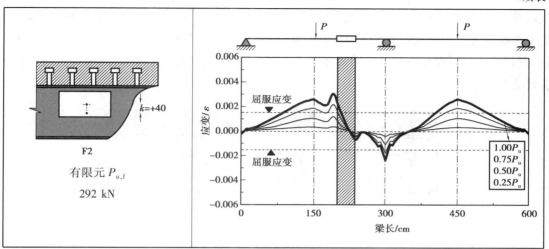

5.3.7　多洞口

在组合梁的钢梁腹板上开设洞口既可方便管道设施穿越又可有效地降低建筑层高。有关资料分析,住宅层高每降低 10 cm,可降低工程造价 1.2% ~1.5%;单层厂房层高每增加 100 cm,单位面积造价增加 1.8% ~3.6%;多层厂房层高每增加 60 cm,单位面积造价提高 8.3% 左右。因此可见,腹板开洞连续组合梁拥有很大的实用性和应用价值。位于上海浦东金融贸易区的高智能化国际金融业务办公大楼——浦东新区文献中心在 17.50 m 处就使用了腹板开洞连续组合梁,如图 5.19、图 5.20 所示。

(a)浦东新区文献中心外景　　　　　　　　(b)浦东新区文献中心内景

图 5.19　浦东新区文献中心

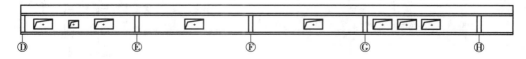

图 5.20　浦东新区文献中心腹板开洞连续组合梁示意图

实际工程中常常需要在组合梁的钢梁腹板上开设多洞口（图 5.21），一个至关重要的问题就是洞口之间的净距 $d_{i,j}$ 的取值，因 $d_{i,j}$ 的取值对腹板开多洞口的连续组合梁的受力及承载能力影响较大。如果洞口间距过小，则每个洞口不仅单独对组合梁的受力和承载力产生影响，而且洞口之间存在的相互制约和相互作用还会进一步对组合梁带来影响，这就使得问题变得更加复杂。

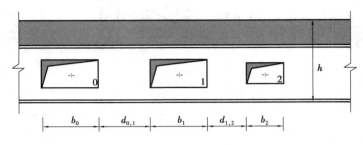

图 5.21　腹板开多洞口组合梁示意图

在多洞口的研究方面，德国的莱昂哈特（F. Leonhardt）利用空腹桁架理论的拉压杆模型对混凝土梁的梁腹开洞进行了研究。通过分析主拉压应力在梁腹开洞混凝土梁中的传递得出：对梁腹留有多个相邻圆孔的混凝土梁，洞距的选择应能够构成带有交叉受拉腹杆和受压腹杆的桁架。我国《高层民用建筑钢结构技术规程》对钢梁开多洞口的规定为：矩形洞口与相邻洞口边缘之间的距离 $d_{i,j}$ 不得小于钢梁横截面高度 h_s 或矩形洞口宽度 b 之中的最大值。但是，上述结论或规定仅针对混凝土梁和钢梁得出，能否适应于腹板开洞连续组合梁还有待继续研究。

目前，对腹板开洞组合梁来说，还没有考虑多洞口耦合作用的理论计算公式。考虑到洞口间距太小容易造成洞口之间相互影响，美国土木工程师学会（the American Society of Civil Engineers, ASCE）给出的 $d_{i,j}$ 建议取值为：

$$d_{i,j} \geqslant b_i \tag{5.1}$$

$$d_{i,j} \geqslant h_i \tag{5.2}$$

$$d_{i,j} \geqslant 2h \tag{5.3}$$

其中，$d_{i,j}$ 为洞口间净距；b_i 为第 i 个洞口的宽度；h_i 为第 i 个洞口高度；h 为组合梁横截面高度。如果数值不满足上述公式要求，则应该考虑洞口之间的耦合作用。

针对洞口大小不同的矩形组合梁多洞口，德国学者 Torsten Weil 建议洞口间净距取值为（图 5.22）：

$$d_{1,2} \geqslant \text{Max}(b_1, b_2) \tag{5.4}$$

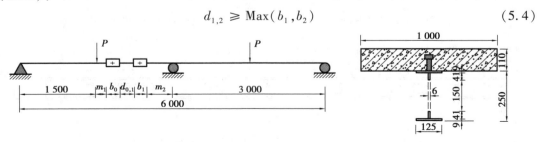

图 5.22　双洞口腹板开洞连续组合梁试件几何和横截面尺寸

为弄清腹板开多洞对连续组合梁受力及承载力的影响,进一步了解洞口在不同净间距之间的相互作用原理,本书设计了 3 根腹板开双洞口连续组合梁试件,试件编号分别为 G1 ~ G3。利用有限元分析方法对其受力及承载力进行了相关对比研究。试件几何参数和洞口布置如图 5.22 和表 5.21 所示。

表 5.21　洞口净距变化腹板开洞连续组合梁试件参数

编号	洞口尺寸/mm		洞口净距	m_1/mm	m_2/mm
	$b_0 \times h_0$	$b_1 \times h_1$	$d_{0,1}$/mm		
G1	300×150	300×150	150	150	600
G2	300×150	300×150	300	150	450
G3	300×150	300×150	600	150	150

5.3.7.1　承载能力和变形能力

洞口间净距变化时连续组合梁试件的荷载-位移曲线如图 5.23 所示。从图 5.23 和表 5.22 中可以得出如下结论:

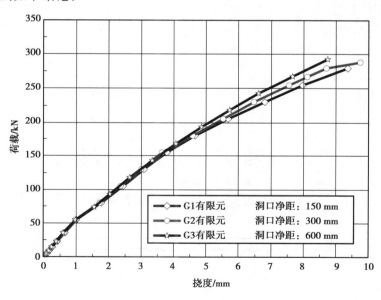

图 5.23　洞口净距变化组合梁荷载-挠度曲线

随着洞口间净距的增加,腹板开洞连续组合梁的极限承载力有所提高(3% ~ 5%),说明随着洞口间距的增大,洞口之间的相互影响程度减弱,对组合梁的承载能力有利。

表 5.22　洞口净距变化腹板开洞连续组合梁受力及承载力影响参数表

组别	编号	洞口	变化参数	极限荷载	最大挠度	$P_{u,i}/P_{u,1}$ $(i=1,2,3)$	$f_{u,i}/f_{u,1}$ $(i=1,2,3)$
			洞口净距/mm	$P_{u,i}/kN$	$f_{u,i}/mm$		
G	G1	双洞	150	279	9.36	1.00	1.00
	G2	双洞	300	288	9.75	1.03	1.04
	G3	双洞	600	292	8.74	1.05	0.93

5.3.7.2　洞口区剪力分担

表 5.23 为洞口净距变化时连续组合梁左右两个洞口处截面分担的剪力值。通过对表 5.23 的对比分析可以看出:左洞处混凝土板截面基本上承担了截面总剪力的 87% ～88%,钢梁截面承担了 12% ～13% 的截面总剪力;右洞处混凝土板截面基本上承担了截面总剪力的 81% ～82%,钢梁截面承担了 18% ～19% 的截面总剪力。说明洞口净距的变化基本上对钢梁和混凝土板截面剪力的分担影响不大,与腹板开有单洞口的连续组合梁具有相似的截面剪力分布特点。

表 5.23　连续组合梁洞口处截面分担的剪力

编号	洞口净距 $d_{0,1}/mm$	洞口位置	洞口位置			$V_{c,t}/V_t$	$V_{s,t}/V_t$
			V_t/kN	$V_{c,t}/kN$	$V_{s,t}/kN$		
G1	150	左洞	161.98	140.94	21.04	87%	13%
G2	300		165.25	143.21	22.04	87%	13%
G3	600		170.6	149.34	21.26	88%	12%

G1	150	右洞	161.98	131.12	30.86	81%	19%
G2	300		162.98	132.54	30.44	81%	19%
G3	600		170.39	139.94	3.044	82%	18%

注:V_t 为截面总剪力;$V_{c,t}$ 为混凝土板承担的剪力;$V_{s,t} = V_{s,t1} + V_{s,t2}$,其中 $V_{s,t}$ 为钢梁承担的剪力,$V_{s,t1}$ 为钢梁上 T 形截面剪力,$V_{s,t2}$ 为钢梁下 T 形截面剪力;b_0 为左洞洞宽,b_1 为右洞洞宽。

5.3.7.3　钢梁底部纵向应变规律

表 5.24 为洞口净距变化时连续组合梁钢梁底部纵向应变分布,从表 5.24 的对比分析中可得出如下结论:

①当洞口净距等于洞口高度时($d_{0,1} = h_0$),达到极限荷载状态时的左洞和右洞的两端都达到了屈服应变,说明洞口间距越小,洞口之间的相互影响程度越大,见表 5.24 中 G1。

②当洞口净距等于洞口宽度时($d_{0,1} = b_0$),达到极限荷载状态时右洞应变明显减小,但两洞口之间的钢梁底部还处于高应变状态,见表 5.24 中 G2。

③当洞口净距等于 2 倍洞口宽度时($d_{0,1} = 2b_0$),达到极限荷载状态时两洞口之间钢梁底部的高应变状态得到明显缓和,见表 5.24 中 G3。

表 5.24　多洞口连续组合梁钢梁底部纵向应变

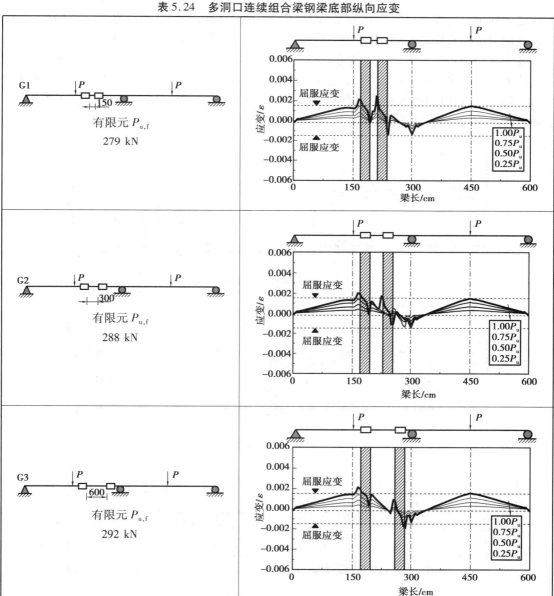

5.3.7.4 组合梁主应力迹线

通过研究不同洞口净距下连续组合梁的主应力迹线（或主应力轨迹）也可以进一步分析洞口之间相互影响的程度,如图 5.24 所示。能够反映应力大小程度的是应力迹线的密集程度（也称为力流密度）,通过分析结构的主应力迹线不仅可以给出结构物的高应力区（应力集中）,而且可以反映力流的传递状况。

①当洞口净距等于洞口高度时（$d_{0,1} = h_0$）,从 G1 的应力迹线图中可以看出,主应力除了在洞口角点处产生应力集中外,拉压应力在两洞口之间的钢梁腹板存在应力路径试探,并未形成明显的拉压应力传递路径,力的传递方向性不明显。说明洞口净距较小时不利于力的传递。

②当洞口净距等于洞口宽度时（$d_{0,1} = b_0$）,两洞口的角点同样存在应力集中现象,但在两洞口之间的钢梁腹板内已经存在明显的拉压应力传递路径,相对来说优于 G1。但从拉压应力迹线的矢量来看还是长短不一,说明应力分布不均,洞口之间还存在相互影响。

③当洞口净距等于 2 倍洞口宽度时（$d_{0,1} = 2b_0$）,在两洞口之间的钢梁腹板内的拉压应力不仅传力路径清晰（能够构成带有交叉受拉腹杆和受压腹杆的桁架）,而且迹线矢量长短比较均匀,这也进一步说明连续组合梁在钢梁腹板开设多洞口时,保持适当的洞口净距对组合梁是非常有必要的。

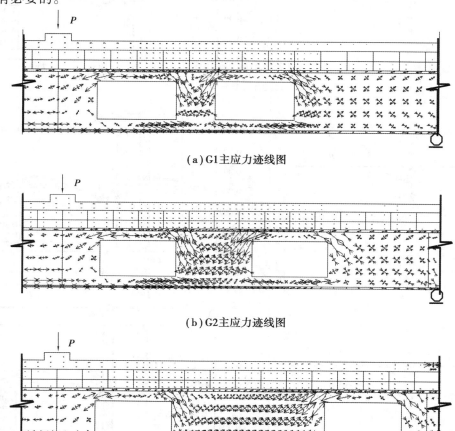

（a）G1主应力迹线图

（b）G2主应力迹线图

（c）G3主应力迹线图

图 5.24　洞口净距变化连续组合梁主应力迹线图

5.4　小　结

本章以 6 根试验连续梁为基础,以工程中常见的矩形洞口为研究对象,另外设计了 C、D、E、F、G 5 组共 12 根连续组合梁试件进行了有限元数值模拟计算,对腹板开洞连续组合梁受力及承载力的几个主要影响参数进行了比较全面的对比分析。所选取的几个影响参数分别为:混凝土板厚、洞口宽度、洞口高度、洞口位置、洞口偏心和多洞口(双洞)等。研究内容为组合梁的承载能力和变形能力、洞口区剪力分担以及钢梁底部纵向应变等。通过分析研究得出如下主要结论:

①增加混凝土板的厚度能够提高组合梁极限承载能力,但对变形能力影响不大。

②增加混凝土板中的纵向配筋率能够大幅度地提高组合梁变形能力,但对承载能力的提高不大。

③随着组合梁洞口宽度的不断增加,连续组合梁的承载能力不断降低,而且组合梁的变形能力有所下降,但降低幅度不大。

④洞口高度减小会提高组合梁的承载能力,组合梁的变形能力则有所下降,但降低幅度也不大。

⑤洞口位置对腹板开洞连续组合梁的受力及承载能力有比较大的影响。洞口位置变化能够在连续组合梁中形成不同的塑性机构,从而具有不同的受力特性。洞口设置在两集中加载点之外对腹板开洞连续组合梁的受力比较有利。

⑥洞口偏心能够在一定程度上提高腹板开洞连续组合梁的变形能力和承载能力。

⑦当连续组合梁的钢梁腹板开有多个洞口时,洞口间距越大,对组合梁的受力越有利。通过本书的研究也得出:当洞口净距大于两倍的洞口宽度时($d_{0,1} \geqslant 2b_0$),可不考虑洞口之间的耦合作用。

上述结论可为腹板开洞连续组合梁的进一步试验研究和理论分析提供参考依据。

第6章
腹板开洞连续组合梁内力重分布影响参数分析

6.1 引 言

  钢与混凝土组合梁具有施工速度快、承载力高、延性和抗震性能好等特点,适用于荷载大、跨度大的工程。然而,为了充分利用建筑空间,方便管道设施穿越,工程师开始将注意力转移到组合梁腹板开洞上来。但是,腹板开洞使连续组合梁的强度和刚度降低,在组合梁的洞口处形成一新的薄弱处,加之连续梁在中间支座(负弯矩区)处存在的薄弱处,从而使两个薄弱处同时存在,这就带来了一系列的相关问题。其中一个关键问题就是开洞(洞口大小、位置变化、洞口偏心等)对连续组合梁内力重分布会带来多大的影响? 还能否运用塑性分析方法来分析腹板开洞连续组合梁?

  目前,国内外对无腹板开洞连续组合梁的研究相对较多和成熟,一些研究成果都已在相关的规范中得到体现,如在我国的《钢结构设计标准》(GB 50017—2017)中有对连续组合梁调幅的规定;在 EC4 中还有详细的塑性分析连续组合梁的相关条款。这些成果和规范中的条款都很好地指导了无腹板开洞连续组合梁的塑性设计和计算,为连续组合梁在工程中的运用奠定了理论基础,在实际运用中产生了很好的经济效益。

  一方面,对带腹板开洞连续组合梁的研究(无论国内还是国外)相对很少,还缺乏相关分析方法和计算理论,更谈不上规范条文;另一方面,我国的建筑业在迅猛发展,高层建筑已经成为我国大中城市建筑中的主流,连续组合梁由于其自身的很多优点在高层建筑中被越来越多地采用,若能全面深入地掌握带腹板开洞连续组合梁的受力特性,就能最大限度地减小洞口带来的刚度和强度的损失,就能在梁的腹板上开洞,甚至开大洞。另外,从科学和理论意义上来看,若将塑性分析方法的运用范围从腹板无洞扩大到腹板开洞的连续组合梁,将是塑性理论的扩展和完善。

6.2　影响参数

为研究参数变化对腹板开洞连续组合梁内力重分布性能的影响,本书重点选取了如下参数进行探讨:

①混凝土翼板厚度。

②混凝土板纵向配筋率。

③洞口宽度。

④洞口高度。

⑤洞口位置。

⑥洞口偏心。

试件设计和试件参数与第 5 章 5.3 节基本相同,这里简要列出,见表 6.1。其中,CCB-1 ～ CCB-6 为连续组合梁试验试件,C ～ F 组共 9 根连续组合梁为有限元模拟试件。通过试件试验和非线性有限元模拟计算,以期得到腹板开洞连续组合梁内力重分布的基本特征,为腹板开洞连续组合梁在工程中的实际应用提供相关参考。

表 6.1　腹板开洞连续组合梁内力重分布影响参数表

组别	编号	钢梁尺寸	洞口	混凝土板		配筋率(ρ)		洞口位置			变化参数
		$h_s \times b_f \times t_w \times t_f$/mm	$b_0 \times h_0$/mm	b_c/mm	h_c/mm	横向	纵向	b_1/mm	b_2/mm	L_0/mm	
对比梁	CCB-1	250×125×6×9	无洞	1 000	110	0.5%	0.86%	—	—	—	—
A	CCB-2	250×125×6×9	400×150	1 000	110	0.5%	0.86%	1 950	650	850	板厚
	CCB-3	250×125×6×9	400×150	1 000	125	0.5%	0.86%	1 950	650	850	
	CCB-4	250×125×6×9	400×150	1 000	145	0.5%	0.86%	1 950	650	850	
B	CCB-5	250×125×6×9	400×150	1 000	110	0.5%	1.23%	1 950	650	850	纵向配筋率
	CCB-6	250×125×6×9	400×150	1 000	110	0.5%	1.44%	1 950	650	850	
C	C1	250×125×6×9	100×150	1 000	110	0.5%	0.86%	2 100	800	850	洞口宽度
	C2	250×125×6×9	300×150	1 000	110	0.5%	0.86%	2 000	700	850	
D	D1	250×125×6×9	400×50	1 000	110	0.5%	0.86%	1 950	650	850	洞口高度
	D2	250×125×6×9	400×100	1 000	110	0.5%	0.86%	1 950	650	850	

续表

组别	编号	钢梁尺寸	洞口	混凝土板		配筋率(ρ)		洞口位置			变化参数	
		$h_s \times b_f \times t_w \times t_f$/mm	$b_0 \times h_0$/mm	b_c/mm	h_c/mm	横向	纵向	b_1/mm	b_2/mm	L_0/mm		
E	E1	$250 \times 125 \times 6 \times 9$	400×150	1 000	110	0.5%	0.86%	550	2 050	2 250	洞口位置	
	E2	$250 \times 125 \times 6 \times 9$	400×150	1 000	110	0.5%	0.86%	1 650	950	1 150		
	E3	$250 \times 125 \times 6 \times 9$	400×150		110		0.86%	2 350	250	450		
F	F1	$250 \times 125 \times 6 \times 9$	400×150	1 000	110	0.5%	0.86%	1 950	650	850	洞口偏心	上偏+40mm
	F2	$250 \times 125 \times 6 \times 9$	400×150	1 000	110	0.5%	0.86%	1 950	650	850		下偏−40mm

注:b_0、h_0为洞口宽度和高度;b_c、h_c为混凝土板宽度和厚度;b_1为洞口左端到边支座的距离,b_2为洞口右端到中间支座的距离;L_0为中支座截面到洞口中心线的长度。

6.2.1 混凝土板厚

为研究混凝土板厚度变化对腹板开洞连续组合梁内力重分布的影响,共设计 3 种不同混凝土板厚度(110 mm,125 mm 和 145 mm)的腹板开洞连续组合梁试件进行对比,试件编号分别为 CCB-2、CCB-3 和 CCB-4,试件的几何尺寸及研究点示意图如图 6.1、图 6.2 所示。

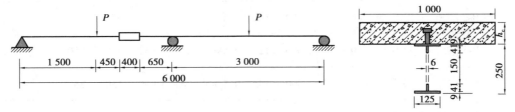

图 6.1 板厚变化连续组合梁试件几何和横截面尺寸

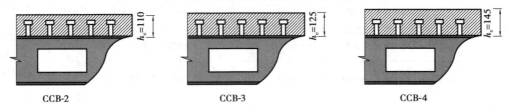

图 6.2 腹板开洞连续组合梁板厚变化示意图

当其他参数不变,混凝土板厚度变化时,计算结果见表 6.2。结果显示:由洞口引起的跨中第一次弯矩减少幅度保持不变,均为 17%;随着混凝土板厚度的增加,组合梁的刚度增大,由塑性发展引起的第二次弯矩减少幅度逐渐减小。这说明,增加混凝土板厚可使组合梁的承载力和刚度得到提高,塑性发展较晚,从而由塑性发展引起的第二次弯矩调幅变小。

表 6.2　混凝土板厚变化试件弯矩重分布

编号	极限荷载 P_u/kN	极限荷载弹性弯矩（无洞）		极限荷载弹性弯矩（开洞）		实测极限弯矩		板厚 h_c/mm	调幅系数	
		跨中/(kN·m)	中支座/(kN·m)	跨中/(kN·m)	中支座/(kN·m)	跨中/(kN·m)	中支座/(kN·m)		开洞	塑性
CCB-1	373	174.87	209.82	—	—	206.04	145.93	110	0.00	0.31
CCB-2	287	134.53	161.44	147.98	134.54	178.82	50.98	110	0.17	0.62
CCB-3	305	142.97	171.56	157.25	143.00	186.96	58.89	125	0.17	0.59
CCB-4	315	147.66	177.19	162.43	147.64	180.33	70.19	145	0.17	0.52

6.2.2　纵向配筋率

　　为研究纵向配筋率变化对腹板开洞连续组合梁内力重分布的影响,共设计 3 种不同配筋率($\rho = 0.86\%$,$\rho = 1.23\%$ 和 $\rho = 1.44\%$)的连续组合梁试件进行对比分析,试件编号分别为 CCB-2、CCB-5 和 CCB-6,试件的几何尺寸及研究点示意图如图 6.3、图 6.4 所示。

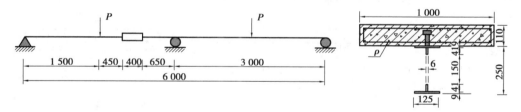

图 6.3　配筋率变化连续组合梁试件几何和横截面尺寸

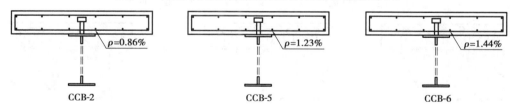

图 6.4　腹板开洞连续组合梁配筋率变化示意图

　　当其他参数不变、纵向配筋率变化时(图 6.3、图 6.4),计算结果见表 6.3。结果显示:除 CCB-5 略有波动外,由洞口引起的跨中第一次弯矩减少幅度均为 17%。另外,试验结果显示:与 CCB-2 相比,配筋率的增加仅使 CCB-5 和 CCB-6 的承载力提高了 1.05% 和 2.79%,变形能力却提高了 36.09% 和 90.51%。刚度增加使组合梁较晚进入塑性,使弯矩调幅有减小趋势,而变形能力增加则使塑性调幅有增大趋势,两者共同作用则使塑性调幅表现出先降后升的趋势。

表6.3　配筋率变化试件弯矩重分布

编号	极限荷载 P_u/kN	极限荷载弹性弯矩（无洞）		极限荷载弹性弯矩（开洞）		实测极限弯矩		配筋率	调幅系数	
		跨中 /(kN·m)	中支座 /(kN·m)	跨中 /(kN·m)	中支座 /(kN·m)	跨中 /(kN·m)	中支座 /(kN·m)	ρ/纵向	开洞	塑性
CCB-1	373	174.87	209.82	—	—	206.04	145.93	0.86%	0.00	0.31
CCB-2	287	134.53	161.44	147.98	134.54	178.82	50.98	0.86%	0.17	0.62
CCB-5	290	135.94	163.13	149.53	125.94	211.60	59.04	1.23%	0.23	0.53
CCB-6	295	138.28	165.94	152.11	138.28	198.64	58.42	1.44%	0.17	0.58

6.2.3　洞口宽度

为研究洞口宽度变化对腹板开洞连续组合梁受力性能的影响,设计 3 种洞口宽度(100 mm,300 mm 和 400 mm)的连续组合梁试件进行对比,试件编号分别为 C1、C2 和 CCB-2,试件的几何尺寸及研究点示意图如图 6.5、图 6.6 所示。

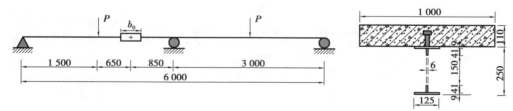

图6.5　洞口宽度变化连续组合梁试件几何和横截面尺寸

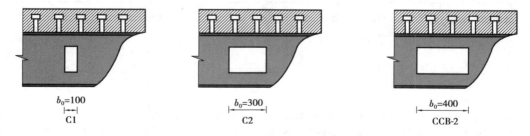

图6.6　连续组合梁洞口宽度变化示意图

当其他参数不变、洞口宽度变化时,计算结果见表6.4。结果显示:随着洞口宽度的增加,组合梁的刚度和承载能力降低,由洞口引起的跨中第一次弯矩减少幅度逐渐增加,由塑性发展引起的第二次弯矩减少幅度逐渐增大。

表 6.4　洞口宽度变化试件弯矩重分布

| 编号 | 极限荷载 P_u/kN | 极限荷载弹性弯矩（无洞） | | 极限荷载弹性弯矩（开洞） | | 极限弯矩 | | 洞口宽度 b_0/mm | 调幅系数 | |
		跨中 /(kN·m)	中支座 /(kN·m)	跨中 /(kN·m)	中支座 /(kN·m)	跨中 /(kN·m)	中支座 /(kN·m)		开洞	塑性
C1	324	151.88	182.25	158.22	169.55	180.55	112.73	100	0.07	0.38
C2	305	142.97	171.56	150.79	155.93	174.98	94.66	300	0.09	0.45
CCB-2	287	134.53	161.44	147.98	134.54	178.82	50.98	400	0.17	0.62

6.2.4　洞口高度

为研究洞口高度变化对腹板开洞连续组合梁内力重分布的影响，设计 3 种不同洞口高度（50 mm，100 mm 和 150 mm）的连续组合梁试件进行对比，试件编号分别为 D1、D2 和 CCB-2，试件的几何尺寸及研究点示意图如图 6.7、图 6.8 所示。

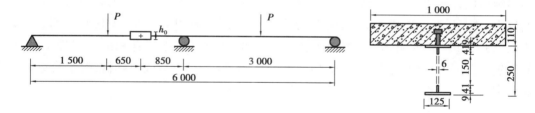

图 6.7　洞口高度变化连续组合梁试件几何和横截面尺寸

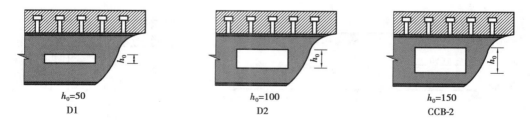

图 6.8　腹板开洞连续组合梁洞口高度变化示意图

当洞口高度变化时，计算结果见表 6.5。结果显示：随着洞口高度的增加，组合梁的刚度和承载能力降低，由洞口引起的跨中弯矩调幅逐渐增加，由塑性发展引起的塑性弯矩调幅则逐渐增大。

表 6.5　洞口高度变化试件弯矩重分布

编号	极限荷载	极限荷载弹性弯矩（无洞）		极限荷载弹性弯矩（开洞）		极限弯矩		洞口高度	调幅系数	
	P_u/kN	跨中/(kN·m)	中支座/(kN·m)	跨中/(kN·m)	中支座/(kN·m)	跨中/(kN·m)	中支座/(kN·m)	h_0/mm	开洞	塑性
D1	365	171.09	205.31	179.75	188.01	207.52	121.07	50	0.08	0.41
D2	292	136.85	164.22	144.65	148.62	167.45	91.48	100	0.10	0.44
CCB-2	287	134.53	161.44	147.98	134.54	178.82	50.98	150	0.17	0.62

6.2.5　洞口位置

　　为考察洞口位置变化对腹板开洞连续组合梁内力重分布的影响,本次试件设计 4 种不同的洞口位置,如图 6.9 所示。其中试件 E1 的洞口位于组合梁正弯矩正剪力区,E2 洞口位于正弯矩负剪力区,CCB-2 洞口中心线位于反弯点处,E3 洞口位于组合梁负弯矩区。

　　当洞口位置变化时,计算结果见表 6.6。结果显示:试件 E1 由洞口引起的跨中第一次弯矩调幅为 4% ,由塑性发展引起的弯矩调幅为 39% ,两次调幅共计 43% ,与腹板无洞组合梁的 31% 调幅差值最小,说明 E1 的洞口位置对组合梁的受力是比较有利的。试件 E1、E3 和 CCB-2 的洞口布置使试件过早地进入塑性,造成弯矩调幅增大,承载力降低,对组合梁的受力相对不利。

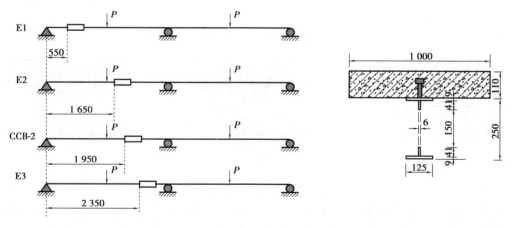

图 6.9　洞口位置变化连续组合梁试件几何和横截面尺寸

表 6.6　洞口位置变化试件弯矩重分布

编号	极限荷载 P_u/kN	极限荷载弹性弯矩（无洞）		极限荷载弹性弯矩（开洞）		极限弯矩		洞口位置 b_1/mm	调幅系数	
		跨中/(kN·m)	中支座/(kN·m)	跨中/(kN·m)	中支座/(kN·m)	跨中/(kN·m)	中支座/(kN·m)		开洞	塑性
CCB-1	373	174.87	209.82	—	—	206.04	145.93	—	0.00	0.31
E1	354	166.15	199.38	169.78	192.11	198.51	120.98	550	0.04	0.39
E2	279	131.00	157.20	138.56	142.07	158.03	92.23	1 650	0.10	0.41
E3	220	103.13	123.75	110.35	109.29	136.88	51.95	1 950	0.12	0.58
CCB-2	287	134.53	161.44	147.98	134.54	178.82	50.98	2 350	0.17	0.62

6.2.6　洞口偏心

为研究洞口偏心变化对腹板开洞连续组合梁内力重分布的影响,共设计 3 种不同洞口偏心($k = 0$ mm, ± 40 mm)的腹板开洞连续组合梁试件进行对比分析,试件编号分别为 CCB-2、F1 和 F2,试件的几何尺寸及研究点示意图如图 6.10、图 6.11 所示。

当洞口偏心时,计算结果见表 6.7。结果显示:当连续组合梁的洞口偏心时,组合梁的刚度和极限承载力得到提高,因此无论洞口上偏还是下偏,由洞口引起的第一次弯矩调幅都小于洞口无偏心时的弯矩调幅;由塑性发展引起的第二次弯矩调幅也小于洞口无偏心时的弯矩调幅。

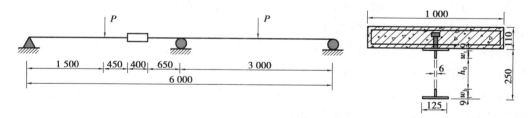

图 6.10　洞口偏心连续组合梁试件几何和横截面尺寸

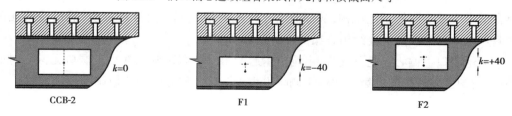

图 6.11　腹板开洞连续组合梁洞口偏心示意图

表 6.7　洞口偏心变化试件弯矩重分布

编号	极限荷载	极限荷载弹性弯矩（无洞）		极限荷载弹性弯矩（开洞）		极限弯矩		洞口偏心	调幅系数	
	P_u/kN	跨中 /(kN·m)	中支座 /(kN·m)	跨中 /(kN·m)	中支座 /(kN·m)	跨中 /(kN·m)	中支座 /(kN·m)	k/mm	开洞	塑性
CCB-1	373	174.87	209.82	—	—	206.04	145.93	—	0.00	0.31
CCB-2	287	134.53	161.44	147.98	134.54	178.82	50.98	0	0.17	0.62
F1	300	140.62	168.75	141.26	147.31	165.32	83.68	−40	0.13	0.43
F2	292	136.88	164.25	137.49	143.38	155.52	85.90	+40	0.13	0.40

6.3　小　结

通过对 6 根连续组合梁进行试件试验和 9 根腹板开洞连续组合梁进行非线性有限元模拟计算,对影响腹板开洞连续组合梁内力重分布特性的影响因素进行了相关研究,研究的变化参数为混凝土翼板厚度、混凝土板纵向配筋率、洞口宽度、洞口高度、洞口位置和洞口偏心等。通过对比分析得出以下结论:

①增加混凝土板厚使组合梁的承载力和刚度得到提高,塑性发展较晚,从而由塑性发展引起的第二次弯矩调幅变小。

②配筋率的增加能够大幅提高连续组合梁的变形能力,在提高组合梁刚度的同时使组合梁较晚进入塑性,使弯矩调幅有减小趋势,而变形能力增加则使塑性调幅有增大趋势,两者共同作用则使塑性调幅表现出先降后升的趋势。

③随着洞口宽度的增加,组合梁的刚度和承载能力降低,由洞口引起的跨中第一次弯矩减小幅度逐渐增加,由塑性发展引起的第二次弯矩减小幅度逐渐增大。

④随着洞口高度的增加,组合梁的刚度和承载能力降低,由洞口引起的跨中弯矩调幅逐渐增大,由塑性发展引起的塑性弯矩调幅则逐渐增大。

⑤洞口位置对腹板开洞连续组合梁的内力重分布有比较大的影响。洞口位置变化在连续组合梁中形成不同的塑性机构,从而具有不同的弯矩调幅。另外还发现,洞口设置在两集中加载点之外对腹板开洞连续组合梁的受力比较有利。

⑥无论洞口上偏心还是下偏心,由洞口引起的第一次弯矩调幅都小于洞口无偏心时的弯矩调幅;由塑性发展引起的第二次弯矩调幅也小于洞口无偏心时的弯矩调幅。

第7章
腹板开洞连续组合梁的补强方法研究

7.1 引 言

随着人们对建筑物使用要求的不断提高,建筑供水、暖、电、通信及暖通等设施日益向集中化、复杂化方向发展。为方便上述管线布置,常常需要在钢梁或组合梁钢梁的腹板以及混凝土翼板上开设洞口。但是,在组合梁钢梁腹板上开洞以后势必会带来组合梁刚度和承载能力的降低。因此,如何对钢梁腹板开洞后进行补强已成为科技人员需要关心的问题。目前,国内外已经有了关于混凝土梁和钢梁洞口补强措施的相应规范和规程条文,但是对腹板开洞组合梁洞口的补强还未见相关规范规定。而目前仅有的对钢梁腹板洞口的补强也仅停留在构造措施上,对洞口的补强方法还缺乏系统性研究。鉴于此,本书首先对国内外有关钢梁洞口的补强构造措施做了总结,然后在此基础上提出几种新的腹板开洞连续组合梁的洞口补强方法,希望能为工程实际应用提供相关参考。

7.2 钢梁腹板开洞构造要求

到目前为止,国内对钢筋混凝土梁板和钢梁开洞后进行补强的方式主要是构造配筋、箍筋加密、限制洞口区域大小或者是使用加强板等一系列补强措施。我国《高层民用建筑钢结构技术规程》(JGJ 99—2015)对钢梁腹板洞口的相关构造措施见表7.1。

表 7.1　钢梁腹板洞口补强构造措施

矩形洞口	圆形洞口
1. 开洞尺寸和位置规定	1. 开孔尺寸和位置规定

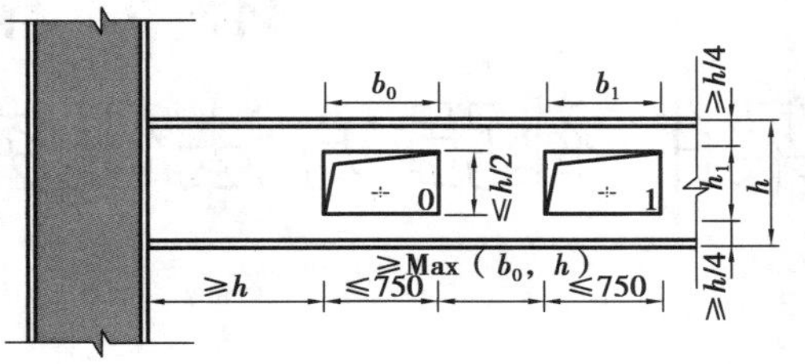

图 7.1　钢梁腹板矩形洞口

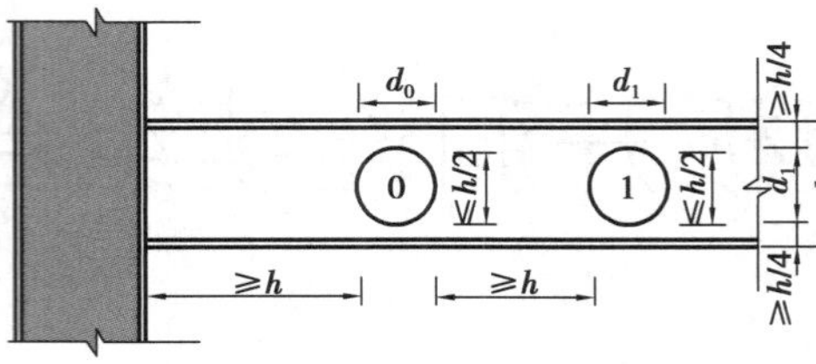

图 7.2　钢梁腹板圆形洞口

(1) 应避免在梁端 1/10 的跨度或等于梁高 h 的范围内开洞。 (2) 沿梁长度方向矩形洞口的净距应大于钢梁的截面高度 h，且还应大于较大矩形洞口的边长。 (3) 开洞高度不得大于梁截面高度的 1/2，矩形洞口长度不得大于 750 mm。 (4) 其他相关规定如图 7.1 所示。	(1) 梁腹板上的开洞位置，宜设置在梁跨度中段 1/2 的跨度范围之内。 (2) 开洞高度不得大于梁截面高度的 1/2。 (3) 抗震设防的结构，不应在设置隔撑的范围内开设洞口。 (4) 其他相关规定如图 7.2 所示。
2. 矩形洞口补强措施	2. 圆形孔洞补强措施

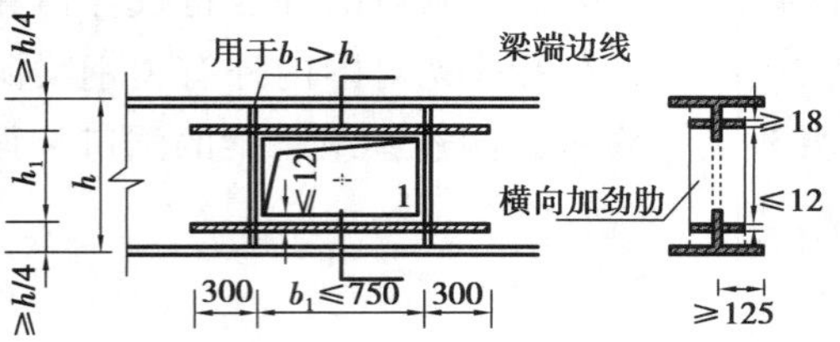

图 7.3　钢梁腹板矩形洞口补强方法

矩形和圆形洞口补强的设计原则：

洞口处截面作用的弯矩由翼缘承担，剪力则由开洞腹板和补强板件共同承担。因此，洞口处腹板和补强板截面积之和，应该大于原腹板的截面面积。

(1) 矩形洞口应采用纵横向加劲肋补强。洞口上下边缘的纵向加劲肋应伸出洞口两端 300 mm。

(2) 当矩形洞口长度大于 500 mm 时，应在腹板洞口两侧设置加劲肋。

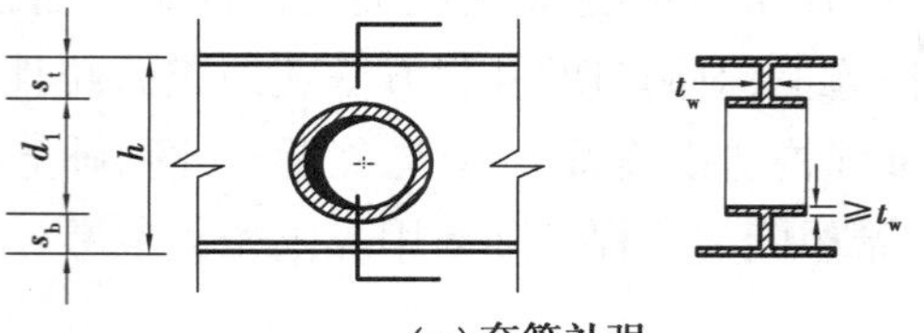

（a）套管补强

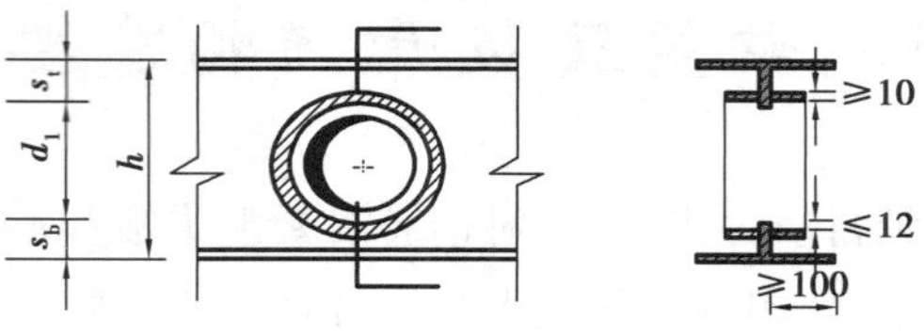

（b）环形加劲肋补强

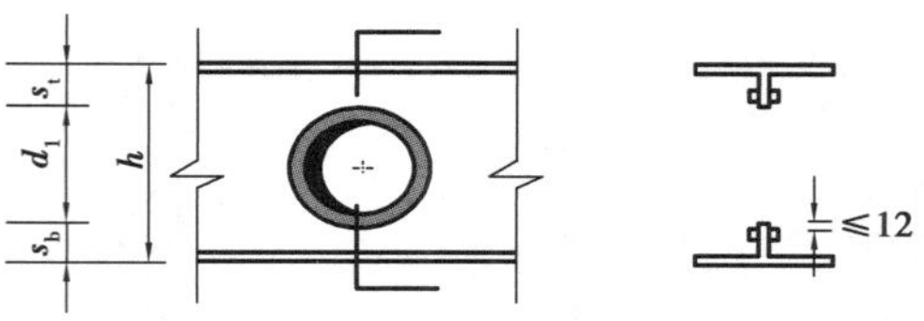

（c）环形补强板补强

图 7.4　钢梁腹板圆形洞口补强方法

(1) 当钢梁腹板圆形洞口直径小于等于 1/3 梁高度，

续表

矩形洞口	圆形洞口
（3）当矩形洞口长度大于钢梁高度 h 时，应该还要设置横向加劲肋，加劲肋的高度为钢梁腹板全高。 （4）钢梁腹板矩形洞口补强的其他规定如图 7.3 所示。	且沿竖向，孔口边缘至梁翼缘外皮距离大于等于 1/4 梁高度时，可以不对洞口区域进行补强。 （2）当不满足上述条件时，应采取如下措施（图 7.4）对洞口进行补强： ①套管；②环形加劲肋；③环形补强板。
3. 应用实例（常用的补强方法如图 7.5 和图 7.6 所示）	
 图 7.5　钢梁腹板圆形和矩形洞口补强	 图 7.6　钢梁腹板圆孔补强板补强

7.3　腹板开洞连续组合梁洞口补强方法

7.3.1　洞口补强形式

目前，国内外对腹板开洞组合梁的研究早已突破了上述构造措施对洞口大小的限制，洞口的高度有的甚至接近整个组合梁钢梁腹板的高度，如图 7.7 所示。

图 7.7　组合梁矩形大洞口试验

已有资料表明:在同等开洞面积的前提下,钢梁或组合梁钢梁的腹板开设圆形洞口时对组合梁的受力比较有利,承载力也最高;设置矩形洞口对梁的刚度和承载力削弱最大。因此,本书将着重对连续组合梁腹板开矩形洞口的补强方法进行研究。

参照表7.1所示钢梁洞口的补强方式,针对腹板开洞连续组合梁的洞口补强,本书设计了1个腹板开洞连续组合梁试件和6种带加劲肋形式的洞口补强方法。具体形式有洞口上下方设置加劲肋加强[图7.8(a)、(b)]、洞口两侧设置竖向加劲肋[图7.8(c)]、井字形(纵横向加劲肋同时)加强[图7.8(d)]、圆弧形加劲肋[图7.8(e)]和倒V形加劲肋[图7.8(f)]等。试件的几何尺寸如图7.9所示,6种洞口的补强方式如图7.8所示,加强肋均采用尺寸为100 mm × 12 mm并且与组合梁钢梁材质相同的钢板。通过非线性有限元模拟计算,对不同补强方式下的腹板开洞连续组合梁的受力及承载能力进行对比分析,以期得到比较有效的洞口补强方法用于工程实践。

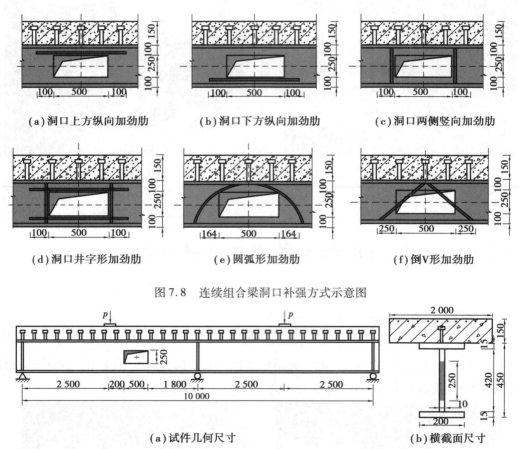

(a)洞口上方纵向加劲肋　　**(b)洞口下方纵向加劲肋**　　**(c)洞口两侧竖向加劲肋**

(d)洞口井字形加劲肋　　**(e)圆弧形加劲肋**　　**(f)倒V形加劲肋**

图7.8　连续组合梁洞口补强方式示意图

(a)试件几何尺寸　　**(b)横截面尺寸**

图7.9　腹板开洞连续组合梁洞口补强试件

7.3.2　不同补强方式对腹板开洞连续组合梁性能的影响

为得出比较有效的组合梁洞口补强方法,本书通过对不同补强方式下的腹板开洞连续组合梁分别进行非线性有限元计算,对其受力性能和传力机制进行了对比分析。

7.3.2.1　腹板开洞连续组合梁不同补强方法的承载力和变形能力比较

不同洞口加强方式下的腹板开洞连续组合梁与同尺寸的腹板无洞连续组合梁的荷载-挠度曲线如图 7.10 所示,相应的极限荷载及挠度值对比见表 7.2。

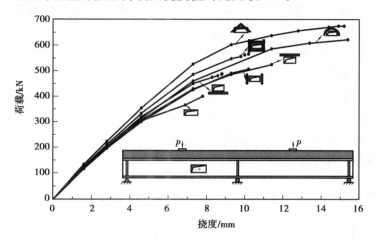

图 7.10　不同洞口加强方式连续组合梁荷载-挠度曲线

表 7.2　洞口带补强与未补强连续组合梁的极限荷载与挠度对比

编号 i	加强方式	P_u^i/kN	P_u^i/P_u^1	f_i/mm（边跨跨中）	f_i/f_1
1		432	1.00	7.8	1.00
2		488	1.13	8.8	1.13
3		524	1.21	11.4	1.46
4		506	1.17	10.3	1.32
5		566	1.31	10.3	1.32
6		622	1.44	15.4	1.97
7		676	1.56	15.2	1.95

通过以上计算结果可看出：

①连续组合梁洞口设置不同类型的加劲肋加强时，连续组合梁的极限承载力得到不同程度的提高（13% ～56%）。在表7.2所列的6种加强方式中，洞口区域倒V形加劲肋比无加劲肋的承载力提高了56%，加强效果最有效；洞口周边设置圆弧形和井字形加劲肋对开洞连续组合梁承载力的提高仅次于洞口区域的倒V形加劲肋（31% ～44%）；对组合梁承载能力提高最不明显的补强方式是洞口下方的纵向加劲肋，仅提高了13%。因此，从提高腹板开洞连续组合梁承载力的角度考虑对洞口区域加强最有效的是倒V形加劲肋补强方法。

②从提高开洞连续组合梁的变形能力来说，洞口区域设置补强加劲肋也对连续组合梁的变形能力的提高有较大贡献。其中，设置圆弧形和倒V形加劲肋时对腹板开洞连续组合梁变形能力的影响最明显，有95% ～97%的提高，这说明洞口采取补强措施后连续组合梁的变形能力得到提高，从而使组合梁具有较好的延性。

7.3.2.2 不同补强方法对连续组合梁抗剪承载力的影响

试验和有限元计算结果都表明，无洞连续组合梁的剪力主要由钢梁腹板承担，为70% ～80%。但是，当连续组合梁的钢梁腹板开洞后，本来应由钢梁腹板承担的大部分剪力势必会转为由混凝土板承担，分析表明混凝土翼板承担了剪力的60% ～70%。但是分析仍然表明，虽然洞口区域大部分的剪力会转移到混凝土翼板上，但是通过提高混凝土翼板厚度或增加混凝土板中的配筋率对混凝土翼板剪力承载力的提高相当有限。

前面提到的洞口补强方法能否在起到洞口区域局部补强的同时提高洞口处钢梁的抗剪能力呢？表7.3给出了洞口区域采用不同的补强方式后洞口区域混凝土板和钢梁所承担的剪力和剪力百分比。

表7.3 不同加强方式组合梁洞口区域混凝土板和钢梁承担的剪力对比

编号	加强方式	V_t/kN		V_g/kN	V_b/kN	$V_{t,c}/V_g$	$V_{t,s}/V_g$	V_b/V_g
		$V_{t,c}$	$V_{t,s}$					
1		189.70	40	281	52	0.68	0.14	0.18
2		145.36	74.30	322.32	102.68	0.45	0.23	0.32
3		185.24	113.40	346.54	47.92	0.53	0.33	0.14
4		176.36	79.73	332.7	76.60	0.53	0.24	0.23

编号	加强方式	V_t/kN		V_g/kN	V_b/kN	$V_{t,c}/V_g$	$V_{t,s}/V_g$	V_b/V_g
		$V_{t,c}$	$V_{t,s}$					
5		141	124.54	368.46	102.94	0.38	0.34	0.28
6		260.20	97.90	399.72	41.62	0.65	0.24	0.11
7		143.52	259.38	429.50	26.80	0.33	0.60	0.07

从以上图表可以看出：

①当洞口上方设置纵向加劲肋时，这时洞口的下方得到加强，钢梁的剪力主要由洞口上方钢梁和补强加劲肋来承担（$V_{t,s}/V_g = 33\%$）；当洞口下方设置加劲肋补强，这时洞口的下方得到补强，钢梁的剪力主要由洞口下方钢梁和补强加劲肋来承担（$V_b/V_g = 32\%$）；同时可以看出，当洞口两边设置竖向加劲肋补强洞口两侧时，洞口上下方钢梁的剪力分担比例几乎相同（$V_{t,s}/V_g = 24\%$，$V_b/V_g = 23\%$）；当洞口处采用圆弧形加劲肋补强方法时，整个钢梁承担的剪力占到总剪力的 35%，可以看出采用上述几种补强方案时连续组合梁截面的剪力大部分仍然由混凝土翼板来承担，这与无腹板开洞组合梁的规范要求应由钢梁承担大部分剪力的设计假设不一致。

②从表 7.3 可以看出，对洞口处剪力分配最理想的加强方式就是采用人字形加劲肋补强。通过采用人字形补强方法，洞口处整个钢梁承担的剪力达到了 67%，比较符合补强预期。因此可以断定，从合理分担剪力的角度来说，在上述 6 种洞口补强方法中，洞口处设置倒 V 形加劲肋是最有效的补强方案。

7.3.2.3　不同洞口补强方式下连续组合梁主应力迹线

图 7.11 所示为在 6 种不同洞口补强方式下腹板开洞连续组合梁的主应力迹线分布图，从中可以看出主应力分布情况和剪力在洞口区域处的传递路径。主应力迹线图是表示主拉压应力在组合梁中分布的矢量图，迹线的矢量大小反映应力的大小，外凸的箭线表示拉应力，内凹箭线表示压应力。根据材料力学知识，纵向的主应力主要是由轴力弯矩和弯矩引起，另外剪力作用使主应力与梁轴线成一定角度。从总体来讲，对组合梁腹板洞口区域采取补强，降低了洞口 4 个角点处的力流密度，从而在一定程度上缓和了洞口区域的应力集中。

①在洞口下方设置纵向的加劲肋时，一部分剪力通过洞口下方的加劲肋和开洞腹板传递，以主压应力形式从洞口左侧传到洞口右侧，然后以主拉应力形式汇集到中间支座；另一部分剪力则通过栓钉的组合作用，以主拉应力从洞口左侧通过混凝土板传递到洞口右侧，以主压应力传递到支座，如图 7.11（a）所示。

②在洞口上方设置纵向的加劲肋时,剪力主要通过洞口上方的腹板截面和纵向加劲肋传递,一部分以主拉应力形式从洞口左侧传递到洞口右侧,并以主压应力传递到支座;另一部分通过栓钉的组合作用,以主拉应力形式从洞口左侧通过洞口上方的混凝土板传递到洞口右侧,同样以主压应力传递到支座,如图7.11(b)所示。

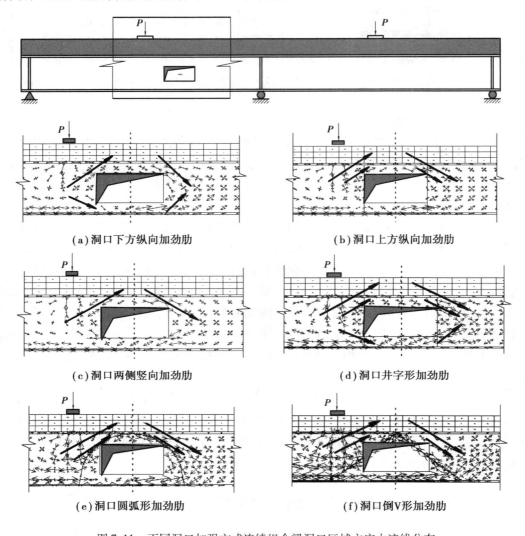

(a)洞口下方纵向加劲肋   (b)洞口上方纵向加劲肋

(c)洞口两侧竖向加劲肋   (d)洞口井字形加劲肋

(e)洞口圆弧形加劲肋   (f)洞口倒V形加劲肋

图7.11　不同洞口加强方式连续组合梁洞口区域主应力迹线分布

③在沿洞口腹板全高设置两竖向加劲肋时,洞口上、下方的钢梁主应力迹线基本上向水平方向传递很少的剪力,剪力主要通过栓钉的组合作用从洞口上方混凝土板传递,如图7.11(c)所示。

④在洞口设置井字形加劲肋时(这也是钢梁腹板开洞常用的补强方式),洞口上方的剪力主要通过补强肋、腹板和混凝土板传递,其中一部分以主拉应力从洞口左侧通过钢梁传递到洞口右侧,以主压应力传递到支座;另一部分通过栓钉连接件的组合作用,以主拉应力从洞口左侧通过混凝土板传递到洞口右侧,以主压应力传递到支座。而洞口下方的剪力通过加劲肋、腹板传递,以主压应力形式从洞口左侧通过钢梁传递到洞口右侧,并以主拉应力传递到支座,如图7.11(d)所示。

⑤、⑥在洞口周边设置圆弧形和倒 V 形加劲肋时,剪力在洞口处基本沿加劲肋进行传递,如图 7.11(e)、(f)所示。由于两种加劲肋的补强形式类似桁架中的拉-压杆模型(与梁轴线成一定角度),可以认为:圆弧形或倒 V 形加劲肋起到类似斜腹杆的作用,洞口下方的 T 形钢梁起到拉杆的作用,洞口上方的混凝土板则起到压杆的作用,因此从桁架理论来看,这两种洞口补强方法的优点:传力机制明确,受力模式合理,符合力的最小传递路径原则,结构效率最高。

7.4　小　结

本章首先总结了国内外规范对腹板开洞钢梁在洞口补强方面的相关规定,然后在此基础上提出 6 种针对腹板开洞连续组合梁的洞口加劲肋补强方法。通过对不同加强方式的连续组合梁进行非线性有限元分析,得出如下结论:

①在组合梁洞口设置加劲肋进行补强之后,组合梁的刚度、承载能力和变形能力都得到了一定程度的提高。

②组合梁洞口处设置加劲肋能够有效缓解洞口角点处的应力集中现象。

③除了传统的洞口补强措施之外,本书提出还可以使用圆弧形和倒 V 形加劲肋进行洞口补强,这时因为根据桁架模型理论,圆弧形加劲肋和倒 V 形加劲肋的传力机制明确,受力模式合理,符合力的最小传递路径原则,结构效率最高。

第 8 章
负弯矩区腹板开洞连续组合梁极限承载力理论分析

8.1 引 言

目前,对组合梁极限抗弯承载力的计算有两种准则:一种是弹性准则,主要适应于纤弱截面的钢梁、直接承受动力荷载的组合梁或计算使用阶段组合梁截面的内力。然而弹性分析方法只适用于当混凝土的最大压应力小于 $0.5f_c$ 和钢材的最大拉应力小于 f_y 时才可靠。由于工程中使用的组合梁都为密实截面钢梁,因此,另一种是国内外通用的简化塑性理论设计方法。该理论假定组合梁全截面完全屈服,按照等效矩形应力图来计算极限荷载。塑性设计方法的优点:该法对作用效应的考虑比较单一,无须考虑作用效应是短暂效应还是持续效应;同时初始效应的存在如初应力或温差应力及混凝土收缩和徐变等的影响也不用考虑。

对腹板开洞连续组合梁而言,洞口的存在使连续组合梁存在两个薄弱处——洞口和中支座处。根据本书第 3 章图 3.7 的内容可知,连续组合梁腹板开洞后可能存在 5 种独立的破坏机构,不同的破坏机构意味着洞口处可有不同的破坏形态:弯曲破坏和剪切破坏(第 5 章表5.1)。这就意味着由于洞口参数(大小、位置等)的影响,简支或连续组合梁发生破坏的截面是不确定的,或者在弯矩剪力截面最大处,或者在洞口位置。因此,针对腹板开洞组合梁的塑性承载力计算则可以按照如下步骤进行:如果洞口比较小,对组合梁刚度和强度的降低影响可忽略,则可直接使用简化塑性理论来验算弯剪最大截面承载力;如果洞口较大,则还需要验算洞口处的极限承载力。

鉴于此,本书首先对腹板无洞组合梁的简化塑性理论进行了总结,然后推导了负弯矩区腹板开洞连续组合梁的极限承载力计算公式,以期为负弯矩区组合梁的设计提供理论参考。

8.2 连续组合梁正弯矩区塑性承载力

在确定组合梁截面正弯矩塑性抗弯承载力时的假设有以下几个:

①假定组合梁符合平截面假定,拉力和压力在组合梁截面上均匀分布。

②忽略受拉区混凝土的拉应力,并且受压区混凝土均匀受压。

③组合梁截面交界面为完全剪切连接,即认为混凝土翼板与钢梁有可靠的交互连接。

下面对连续组合梁的塑性中和轴分别在混凝土翼板、钢梁上翼缘和钢梁腹板内时分别加以论述。

8.2.1 塑性中和轴位于混凝土翼板

当组合截面塑性中和轴位于混凝土翼板内时,此时有:

$$Af \leqslant b_e h_c f_c \tag{8.1}$$

组合截面的等效应力图(图 8.1)为:

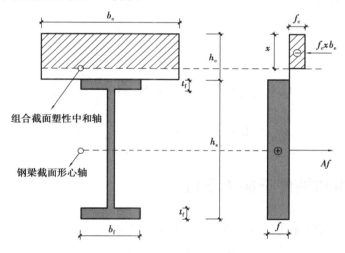

图 8.1 中和轴位于混凝土板内的等效应力图

假设混凝土受压区的高度为 x,根据平衡条件有:

$$Af = b_e x f_c \tag{8.2}$$

得:

$$x = Af/b_e x f_c \tag{8.3}$$

从而组合截面塑性极限弯矩为:

$$M_u = x b_e f_c (h_s/2 + h_c - x/2) \tag{8.4}$$

或

$$M_u = Af(h_s/2 + h_c - x/2) \tag{8.5}$$

8.2.2 塑性中和轴位于钢梁翼缘

当组合截面塑性中和轴位于混凝土翼板内时,此时有:

$$Af - 2b_f t_f f \leqslant b_e h_c f_c < Af \qquad (8.6)$$

组合截面的等效应力图(图8.2)为:

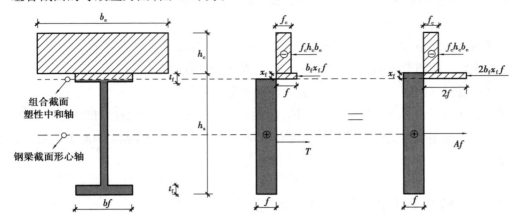

图8.2 中和轴位于钢梁翼缘内的等效应力图

根据轴力平衡条件有:

$$2b_f x_f f = Af - b_e h_c f_c \qquad (8.7)$$

得钢梁翼缘受压区高度:

$$x_f = \frac{1}{2b_f}(A - b_e h_c f_c / f) \qquad (8.8)$$

从而可求得:

$$M_u = b_e h_c f_c \left(\frac{h_c}{2} + \frac{h_s}{2} \right) + 2b_f x_f f \left(\frac{h_s}{2} - \frac{x_f}{2} \right) \qquad (8.9)$$

或

$$M_u = Af \left(\frac{h_c}{2} + \frac{h_s}{2} \right) - 2b_f x_f f \left(\frac{h_c}{2} + \frac{x_f}{2} \right) \qquad (8.10)$$

8.2.3 塑性中和轴位于钢梁腹板

当组合截面塑性中和轴位于钢梁腹板内时,此时有:

$$b_e h_c f_c < Af - 2b_f t_f f \qquad (8.11)$$

组合截面的等效应力图(图8.3)为:

根据轴力平衡条件有:

$$2t_w x_w f = Af - b_e h_c f_c - 2b_f t_f f \qquad (8.12)$$

得钢梁腹板受压区高度:

$$x_w = \frac{1}{2t_w}(A - b_e h_c f_c / f - 2b_f t_f) \qquad (8.13)$$

从而可求得:

$$M_u = b_e h_c f_c \left(\frac{h_c}{2} + \frac{h_s}{2} \right) + 2b_f t_f f \left(\frac{h_s}{2} - \frac{t_f}{2} \right) + 2t_w x_w f \left(\frac{h_s}{2} - t_f - \frac{x_w}{2} \right) \qquad (8.14)$$

或

$$M_u = Af \left(\frac{h_c}{2} + \frac{h_s}{2} \right) - 2b_f t_f f \left(\frac{h_c}{2} + \frac{t_f}{2} \right) - 2t_w x_w f \left(\frac{h_c}{2} + t_f + \frac{x_w}{2} \right) \qquad (8.15)$$

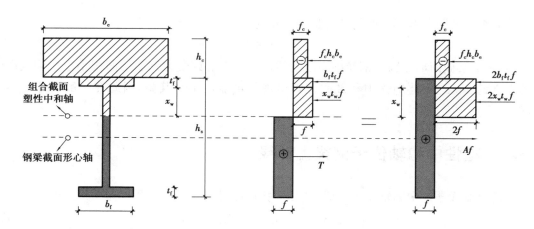

图 8.3　中和轴位于钢梁腹板内的等效应力图

8.3　连续组合梁负弯矩区塑性承载力

在确定组合梁截面负弯矩塑性抗弯承载力时的假设是：

①假定组合梁符合平截面假定,拉力和压力在组合梁截面上均匀分布。

②忽略混凝土的受拉作用,只考虑混凝土翼板中钢筋的抗拉作用。

③组合梁截面交界面为完全剪切连接,即认为混凝土翼板与钢梁有可靠的交互连接。

下面对连续组合梁的塑性中和轴分别在混凝土翼板、钢梁上翼缘和钢梁腹板内时分别加以论述。

8.3.1　塑性中和轴位于混凝土翼板

当组合截面塑性中和轴位于混凝土翼板内或钢梁以外时,此时有:

$$Af < A_s f_y \tag{8.16}$$

组合截面的等效应力图(图 8.4)为:

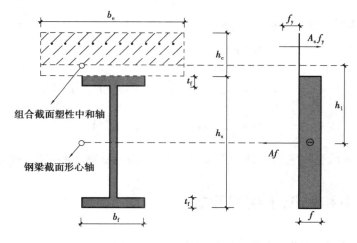

图 8.4　中和轴位于混凝土板内的等效应力图

从而组合截面负弯矩截面的塑性极限弯矩为：

$$M_u = Afh_1 \qquad (8.17)$$

其中，h_1为钢梁截面形心轴到钢筋形心之间的距离。考虑到受力钢筋的面积小于钢梁截面面积的因素，实际上，上述塑性中和轴的位置出现的可能性微乎其微，因此在一般设计中不予考虑。

8.3.2 塑性中和轴位于钢梁上翼缘

当组合截面塑性中和轴位于钢梁上翼缘内时，此时有：

$$(A_{sw} + A_{sb} - A_{st})f < A_s f_y < Af \qquad (8.18)$$

式中：A_{sw}为钢梁腹板面积；A_{sb}为钢梁下翼缘面积；A_{st}为钢梁上翼缘面积。

组合截面的等效应力图（图8.5）为：

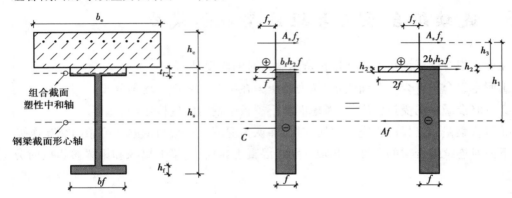

图8.5 中和轴位于钢梁上翼缘内的等效应力图

由平衡条件得：

$$2b_f h_2 f = Af - A_s f_y \qquad (8.19)$$

得钢梁翼缘受拉区高度：

$$h_2 = \frac{Af - A_s f_y}{2b_f f} \qquad (8.20)$$

从而可求得此时负弯矩极限抗弯承载力为：

$$
\begin{aligned}
M_u &= Af\left(h_1 - h_3 - \frac{h_2}{2}\right) + A_s f\left(h_3 + \frac{h_2}{2}\right) \\
&= Af h_1 - Af\left(h_3 + \frac{h_2}{2}\right) + A_s f_y\left(h_3 + \frac{h_2}{2}\right) \\
&= Af h_1 - (Af - A_s f_y)\left(h_3 + \frac{h_2}{2}\right) \qquad (8.21)
\end{aligned}
$$

其中，h_2为钢梁上翼缘受拉区高度；h_3为混凝土翼板底面到钢筋形心之间的距离。

8.3.3 塑性中和轴位于钢梁腹板

当组合截面塑性中和轴位于钢梁腹板内时，此时有：

$$A_s f_y < (A_{sw} + A_{sb} - A_{st})f \tag{8.22}$$

组合截面的等效应力图(图 8.6)为：

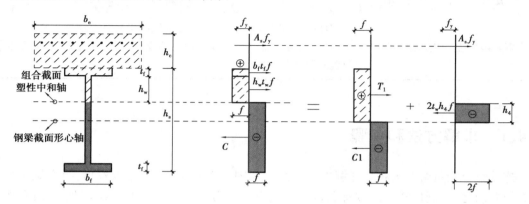

图 8.6　中和轴位于钢梁腹板内的等效应力图

由平衡条件：

$$2t_w h_4 f = A_s f_y \tag{8.23}$$

得：

$$y_4 = \frac{A_s f_y}{2 f t_w} \tag{8.24}$$

从而可求得此时负弯矩极限抗弯承载力为：

$$M_u = M_0 + A_s f_y \left(h_1 - \frac{h_4}{2} \right) \tag{8.25}$$

式中，h_w 为钢梁腹板受拉区高度；M_0 为钢梁绕自身形心轴的塑性抗弯承载力。

8.4　负弯矩区腹板开洞连续组合梁塑性承载力

目前，国内外对腹板开洞组合梁洞口截面极限承载力的计算方法大致有表 8.1 所示的 5 种。本章将根据次弯矩函数方法，利用虚拟矩形应力图推导洞口处 4 个角点的次弯矩函数 $M_i(i = 1, 2, 3, 4)$，提出负弯矩区洞口极限承载力的计算方法。

表 8.1　腹板开洞组合梁洞口截面极限承载力的计算方法

方法来源	开洞部位	特　点
ASCE	正弯矩区洞口	思路清晰、简单、准确度较高、适用范围广，未考虑混凝土板在剪应力和正应力共同作用下的折减
EC4	正弯矩区洞口	需要事先明确组合梁承受的荷载，多用来验证可靠性
桁架模型	正弯矩区洞口	计算过程复杂，且要考虑洞口上方栓钉数量
同济大学	负弯矩区洞口	基于 ASCE 方法推导，简单明确，未考虑混凝土板在剪应力和正应力共同作用下的折减

续表

方法来源	开洞部位	特 点
次弯矩函数法	正弯矩区洞口	适用性能强（不同洞口高度和长度都能应用），计算精确度高，考虑了洞口上下截面轴力—弯矩—剪力的耦合，但推导复杂，对负弯矩位置的洞口需重新推导

8.4.1　求解方法和步骤

连续组合梁负弯矩区腹板开洞内力示意图如图 8.7 所示，从中可以看出，组合梁负弯矩区腹板开洞之后，洞口截面区域有洞口上部截面的轴力（N_t）、剪力（V_t）、次弯矩（M_1）和次弯矩（M_2）；洞口下部截面有轴力（N_b）、剪力（V_b）、次弯矩（M_3）和次弯矩（M_4），洞口区域的内力变为三次超静定。通常的求解方法无法得到多余未知内力。这里采用的求解方法是通过推导洞口四角上的剪力-轴力-弯矩的相互关系（N-M-V 相关曲线），只要推得三者的相互关系就可以最终确定多余的未知量，而其中最关键的就是洞口四角 4 个次弯矩 $M_i(i=1,2,3,4)$ 表达式的推导。求解步骤归纳如下：

①假设洞口 4 个角点的次弯矩函数分别表示为自变量 N 和 V 的函数，即：

$$\begin{cases} M_1 = f_1(N_t, V_t) \\ M_2 = f_2(N_t, V_t) \\ M_3 = f_3(N_b, V_b) \\ M_4 = f_4(N_b, V_b) \end{cases} \quad (8.26)$$

②对洞口上下方截面建立平衡方程并考虑到全截面的附加轴力平衡有：

$$\begin{cases} M_1 + M_2 = V_t \cdot b_0 \\ M_3 + M_4 = V_b \cdot b_0 \\ N_t = N_b = N \end{cases} \quad (8.27)$$

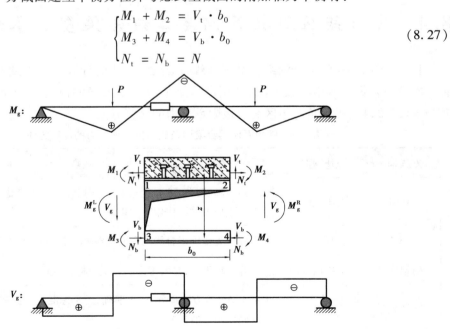

图 8.7　组合梁负弯矩区洞口内力示意图

③将公式(8.26)代入式(8.27)得：

$$\begin{cases} f_1(N,V_t) + f_2(N,V_t) = V_t \cdot b_0 \\ f_3(N,V_b) + f_4(N,V_b) = V_b \cdot b_0 \end{cases} \tag{8.28}$$

④由于洞口下方截面的承载力通常小于洞口上方截面的承载能力，因此洞口下方的承载能力就成为公式(8.28)中的控制条件，这样就可以计算出 V_b 的取值范围。

⑤在 V_b 的取值范围确定以后，就可以根据公式(8.28)计算出该取值范围对应的 N 和 V_t。

⑥最后，将⑤中得出的内力值代入公式(8.26)便可得到洞口区域 4 个角点的次弯矩函数。

8.4.2　基本假定

考虑到组合梁腹板洞口处受力比较复杂，为了简化计算，本书在推导次弯矩函数时做了如下假定：

①目前钢结构规范规定，对负弯矩区组合梁的设计要求采用完全剪切连接。因此推导则假定组合梁为完全剪切连接，不考虑截面之间的滑移。

②混凝土板中的钢筋按照一排布置，钢梁不发生局部屈曲。

③钢梁腹板在弯剪共同作用下均服从 Von-Mises 屈服准则。

④组合梁洞口处破坏形态为剪切破坏，即四铰破坏空腹破坏。

⑤考虑了洞口上方混凝土板的抗剪，也考虑了混凝土板正应力的折减。

8.4.3　洞口角点 4 个次弯矩函数 $M_i(i=1,2,3,4)$ 推导

下面先标定一下推导次弯矩函数时需要用到的符号的意义：NA——塑性中和轴；SA——截面形心轴；FA——虚拟假想矩形面积平分轴；g——SA 到 NA 的距离；y_{ij}——截面参数，i 代表第 i 个角点位置，j 代表第 j 种情况；$n_{t(b)}$——无量纲轴力；a——虚拟应力图中折算轴力高度；σ_c——混凝土的抗压强度；σ_{yf}——翼缘的屈服应力；σ_{yw}——按 Mises 条件确定的腹板弯曲正应力；b_e——混凝土翼板的有效宽度。

8.4.3.1　洞口角点①次弯矩函数 M_1

洞口角点①处横截面由于作用正的轴力和次弯矩，随着轴力的不断增加中和轴(NA)开始从面积平分轴(FA)向截面上部移动并依次经过钢梁翼缘[图 8.8(a)、(b)]、混凝土翼板[图 8.8(c)]和钢筋区域[图 8.8(d)、(e)]，因此，上述 3 种不同的情况就需要建立三段次弯矩函数 M_1 的表达式。

从图 8.8 中可以看出，当①处横截面的面积平分轴(FA)和中和轴(NA)重合时，轴力等于零，相应的次弯矩达到其最大值；顺次经过轴力和次弯矩共同存在的情况后，轴力最终达到最大值并且次弯矩等于零。

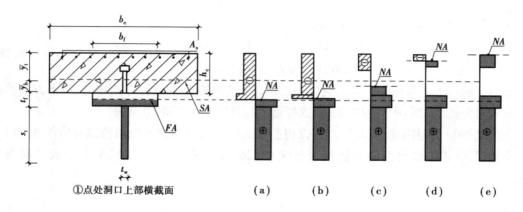

①点处洞口上部横截面　　（a）　　（b）　　（c）　　（d）　　（e）

图8.8　组合梁洞口①处区域应力分布及中和轴变化图

情况一:中性轴(NA)位于钢梁上翼缘,此时有:$0 \leq a \leq y_{12} - \bar{y}_b$ 或 $0 \leq n_t \leq (y_{12} - \bar{y}_b)/y_{11}$

当轴力从零开始增长且中性轴(NA)位于钢梁上翼缘时,如图8.9所示。不考虑混凝土翼板的抗拉作用,只考虑板中纵向钢筋的作用。为了计算方便,中性轴(NA)位于什么区域就将其余横截面换算成该区域的截面尺寸;为了研究方便,这里引入了虚拟应力图来表征正应力的变化。

①首先求解洞口角点①处横截面的形心轴位置:

$$\bar{y}_t = \frac{0.5\sigma_c b_e h_c^2 + A_{ft}\sigma_{yf}(h_c + 0.5t_f) + A_{wt}\sigma_{yw}(h_c + t_f + 0.5s_t)}{A_c\sigma_c + A_{wt}\sigma_{yw} + A_{ft}\sigma_{yf}} \quad (8.29a)$$

$$\bar{y}_b = h_c - \bar{y}_t \quad (8.29b)$$

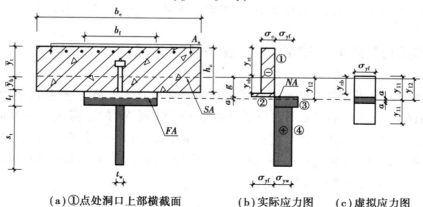

（a）①点处洞口上部横截面　　（b）实际应力图　　（c）虚拟应力图

图8.9　中性轴 NA 在钢梁上翼缘时洞口①处区域应力分布图

②由于中性轴(NA)在钢梁翼缘内,将混凝土截面的实际高度换算成钢梁翼缘的换算高度为:

$$y_{cb} = \frac{b_e h_c \sigma_c}{2b_f \sigma_{yf}} \quad (8.30a)$$

$$y_{ct} = h_c - y_{cb} \quad (8.30b)$$

③虚拟应力图的假想面积平分轴:

$$y_{11} = \frac{N_{plt}}{2b_f \sigma_{yf}}$$

其中:

$$N_{plt} = A_c\sigma_c + A_{ft}\sigma_{yf} + A_{wt}\sigma_{yw} \quad (8.31)$$

式中，N_{plt} 为洞口上方截面最大塑性轴力。

④计算形心轴(SA)至面积平分轴(FA)的距离：

$$y_{12} = t_f + y_s + \bar{y}_b - y_{11} \tag{8.32}$$

⑤令无量纲轴力 $n_t = \dfrac{N}{N_{plt}} = \dfrac{2ab_f\sigma_{yf}}{N_{plt}}$ 则：

$$a = \frac{n_t N_{plt}}{2b_f\sigma_{yf}} = n_t y_{11} \tag{8.33}$$

⑥形心轴(SA)至中性轴(NA)的距离：

$$g = y_{12} - a = y_{12} - n_t y_{11} \tag{8.34}$$

⑦次弯矩函数 M_{11} 为截面上实际应力图①②③④的合力对形心轴(SA)取

$$
\begin{aligned}
M_{11} &= M_1 - M_2 + M_3 + M_4 \\
&= b_e\sigma_c\frac{\bar{y}_t^2 - \bar{y}_b^2}{2} - b_f\sigma_{yf}\frac{(g^2 - \bar{y}_b^2)}{2} + b_f\sigma_{yf}\frac{(t_f + \bar{y}_b)^2 - g^2}{2} + t_w s_t \sigma_{yw}(\bar{y}_b + t_f + 0.5s_t) \\
&= -b_f\sigma_{yf}g^2 + b_e\sigma_c\frac{\bar{y}_t^2 - \bar{y}_b^2}{2} + b_f\sigma_{yf}\frac{(t_f + \bar{y}_b)^2 + \bar{y}_b^2}{2} + t_w s_t \sigma_{yw}(\bar{y}_b + t_f + 0.5s_t) \quad (8.35)
\end{aligned}
$$

将式(8.34)代入式(8.35)得：

$$
\begin{aligned}
M_{11} = & -b_f\sigma_{yf}(y_{12} - n_t y_{11})^2 + 0.5b_e\sigma_c(\bar{y}_t^2 - \bar{y}_b^2) + 0.5b_f\sigma_{yf}[(\bar{y}_b + t_f)^2 + \bar{y}_b^2] + \\
& t_w s_t \sigma_{yw}(\bar{y}_b + t_f + 0.5s_t) \quad (8.36)
\end{aligned}
$$

将 M_{11} 写成关于 n_t 的二次函数得：

$$M_{11} = -b_f\sigma_{yf}y_{11}^2 n_t^2 + 2b_f\sigma_{yf}y_{11}y_{12}n_t + M'_{11} \tag{8.37}$$

其中：

$$
\begin{aligned}
M'_{11} = & -b_f\sigma_{yf}y_{12}^2 + 0.5b_e\sigma_c[\bar{y}_t^2 - \bar{y}_b^2] + 0.5b_f\sigma_{yf}[(\bar{y}_b + t_f)2 + \bar{y}_b^2] + \\
& t_w s_t \sigma_{yw}(\bar{y}_b + t_f + 0.5s_t) \quad (8.38)
\end{aligned}
$$

情况二：中性轴(NA)位于混凝土板，此时有：$y_{s2} - y_{13} \le a \le y_{14} + \bar{y}_t - c$ 或 $(y_{s2} - y_{13})/(y_{s2} + h_c) \le n_t \le (y_{14} + \bar{y}_t - c)/(y_{s2} + h_c)$。

当中性轴从钢梁翼缘移动到混凝土翼板中时，这时轴力不断增加，次弯矩(M_1)不断减小，如图8.10所示。

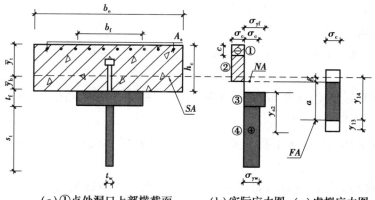

(a)①点处洞口上部横截面 **(b)实际应力图** **(c)虚拟应力图**

图8.10 中性轴 NA 在混凝土翼板时洞口①处区域应力分布图

①将混凝土板中受拉钢筋的面积换算成板宽为 b_e,高度为 c 的混凝土面积,该区域称为钢筋区域,计算式为:

$$c = \frac{A_s \sigma_s}{b_e \sigma_c} \tag{8.39}$$

②将钢梁腹板和翼缘截面的实际高度换算成混凝土板的折算高度:

$$y_{s2} = \frac{A_{ft} \sigma_{yf} + A_{wt} \sigma_{yw}}{b_e \sigma_c} \tag{8.40}$$

③从 a 的取值范围可以得出,虚拟应力图中假想面积平分轴(FA)的位置 y_{13}:

$$y_{13} = c \tag{8.41}$$

④形心轴(SA)到面积平分轴 FA 的距离:

$$y_{14} = y_{s2} - y_{13} + \bar{y}_b \tag{8.42}$$

⑤无量纲轴力 $n_t = \dfrac{N}{N_{plt}} = \dfrac{ab_e \sigma_c}{N_{plt}}$,则:

$$a = \frac{n_t N_{plt}}{b_e \sigma_c} = n_t \frac{b_e \sigma_c h_c + A_{ft} \sigma_{yf} + A_{wt} \sigma_{yw}}{b_e \sigma_c} = n_t (h_c + y_{s2}) \tag{8.43}$$

⑥形心轴(SA)至中性轴(NA)的距离:

$$g = y_{14} - a = y_{14} - n_t (h_c + y_{s2}) \tag{8.44}$$

⑦次弯矩函数 M_{12} 为截面上实际应力图①②③④的合力对形心轴(SA)取矩:

$$\begin{aligned}
M_{12} &= M_1 + M_2 + M_3 + M_4 \\
&= b_e \sigma_c \frac{\bar{y}_t^2 - (\bar{y}_t - c)^2}{2} - b_e \sigma_c \frac{(\bar{y}_t - c)^2 - g^2}{2} + b_f \sigma_{yf} \frac{(t_f + \bar{y}_b)^2 - \bar{y}_b^2}{2} + t_w s_t \sigma_{yw} (\bar{y}_b + t_f + 0.5 s_t) \\
&= -\frac{b_e \sigma_c g^2}{2} + b_e \sigma_c \frac{\bar{y}_t^2 + \bar{y}_b^2 - (\bar{y}_t - c)^2}{2} + b_f \sigma_{yf} \frac{(t_f + \bar{y}_b)^2 - \bar{y}_b^2}{2} + t_w s_t \sigma_{yw} (\bar{y}_b + t_f + 0.5 s_t)
\end{aligned} \tag{8.45}$$

将式(8.44)代入式(8.45)得:

$$M_{12} = -0.5 b_e \sigma_c [y_{14} - n_t (y_{s2} + h_c)]^2 + 0.5 b_e \sigma_c \bar{y}_t^2 + b_f t_f \sigma_{yf} (\bar{y}_b + 0.5 t_f) + t_w s_t \sigma_{yw} (\bar{y}_b + t_f + 0.5 s_t) \tag{8.46}$$

因此,次弯矩 M_{12} 可写成如下形式:

$$M_{12} = -0.5 b_e \sigma_c (y_{s2} + h_c)^2 n_t^2 + b_e \sigma_c (y_{s2} + h_c) y_{14} n_t + M'_{12} \tag{8.47}$$

其中:

$$M'_{12} = -0.5 b_e \sigma_c y_{14}^2 + 0.5 b_e \sigma_c \bar{y}_t^2 + b_f t_f \sigma_{yf} (\bar{y}_b + 0.5 t_f) + t_w s_t \sigma_{yw} (\bar{y}_b + t_f + 0.5 s_t) \tag{8.48}$$

情况三:中性轴(NA)位于钢筋,此时:$\bar{y}_t + y_{16} - c \le a \le \bar{y}_t + y_{16}$ 或 $(\bar{y}_t + y_{16} - c)/y_{15} \le n_t \le (\bar{y}_t + y_{16})/y_{15}$

当中性轴移动到钢筋区域时如图 8.11 所示,则次弯矩函数 M_{13} 为:

①虚拟应力图中假想面积平分轴 FA 位置:

$$y_{15} = \frac{A_{ft} \sigma_{yf} + A_c \sigma_c + A_{wt} \sigma_{yw}}{2 b_e \sigma_c} \tag{8.49}$$

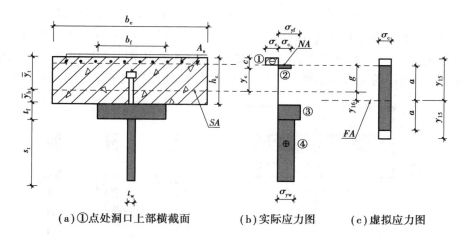

(a) ①点处洞口上部横截面　　**(b) 实际应力图**　　**(c) 虚拟应力图**

图 8.11　中性轴 NA 在钢筋时洞口①处区域应力分布图

②计算形心轴(SA)到面积平分轴(FA)的距离 y_{16}：

$$y_{16} = y_{15} - \bar{y}_{t} \tag{8.50a}$$

$$y_c = \bar{y}_t - c \tag{8.50b}$$

③无量纲轴力 $n_t = \dfrac{N}{N_{plt}} = \dfrac{2ab_e\sigma_c}{N_{plt}}$ 则：

$$a = \frac{n_t N_{plt}}{2b_e\sigma_c} = n_t y_{15} \tag{8.51}$$

④形心轴(SA)至中性轴(NA)的距离：

$$g = a - y_{16} = n_t y_{15} - y_{16} \tag{8.52}$$

⑤次弯矩函数 M_{13} 为截面上实际应力图①②③④的合力对形心轴(SA)取矩：

$$
\begin{aligned}
M_{13} &= M_1 - M_2 + M_3 + M_4 \\
&= b_e\sigma_c \frac{\bar{y}_t^2 - g^2}{2} - b_e\sigma_c \frac{(g^2 - y_c^2)}{2} + b_f\sigma_{yf}\frac{(t_f + \bar{y}_b)^2 - \bar{y}_b^2}{2} + \\
&\quad t_w s_t \sigma_{yw}(\bar{y}_b + t_f + 0.5s_t) \\
&= -b_e\sigma_c g^2 + b_e\sigma_c \frac{\bar{y}_t^2 + y_c^2}{2} + b_f\sigma_{yf}\frac{(t_f + \bar{y}_b)^2 - \bar{y}_b^2}{2} + t_w s_t \sigma_{yw}(\bar{y}_b + t_f + 0.5s_t) \quad (8.53)
\end{aligned}
$$

将式(8.52)代入式(8.53)得：

$$
\begin{aligned}
M_{13} &= -b_e\sigma_c(n_t y_{15} - y_{16})^2 + 0.5b_e\sigma_c[\bar{y}_t^2 + y_c^2] + b_f t_f \sigma_{yf}(\bar{y}_b + 0.5t_f) + \\
&\quad t_w s_t \sigma_{yw}(\bar{y}_b + t_f + 0.5s_t) \quad (8.54)
\end{aligned}
$$

将 M_{13} 写成关于 n_t 的二次函数得：

$$M_{13} = -b_e\sigma_c y_{15}^2 n_t^2 + 2b_e\sigma_c y_{15} y_{16} n_t + M'_{13} \tag{8.55}$$

其中：$M'_{13} = -b_e\sigma_c y_{16}^2 + 0.5b_e\sigma_c(\bar{y}_t^2 + y_c^2) + b_f t_f \sigma_{yf}(\bar{y}_b + 0.5t_f) + t_w s_t \sigma_{yw}(\bar{y}_b + t_f + 0.5s_t)$ (8.56)

8.4.3.2　洞口角点②次弯矩函数 M_2

洞口②处横截面由于作用正的轴力和负的次弯矩，截面上部受拉，下部受压。推导过程中不考虑混凝土板的抗拉作用，在实际情况中，中性轴位于混凝土翼板中的情况也是近乎不可能发生的,因此在正的轴力作用下中性轴(NA)开始从面积平分轴(FA)向钢梁腹板方向移动,如图8.12所示。随着轴向拉力的增长,中性轴顺次经过钢梁翼缘[图8.12(a)]和钢梁腹板[图8.12(b)、(c)]区域,共2个区域。因此,次弯矩函数M_2需分两段建立。上述两个不同区域就需要建立两段的次弯矩函数M_2。为了简化计算,计算过程中忽略钢筋的抗压作用。

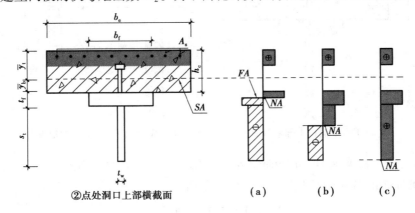

②点处洞口上部横截面 （a）　（b）　（c）

图8.12　中性轴NA在洞口②处区域应力分布图

情况一:中性轴(NA)位于钢梁上翼缘,此时有:

$$y_{23} - y_s - t_f \leq a \leq y_{23} - y_s \quad \text{或} \quad \frac{y_{23} - y_s - t_f}{y_{23}} \leq n_t \leq \frac{y_{23} - y_s}{y_{23}}$$

①当中性轴(NA)在钢梁翼缘内时,忽略混凝土板的抗拉作用,如图8.13所示。为满足虚拟应力图中的假想面积平分轴与实际截面面积平分轴的位置相同,将钢梁腹板和混凝土板的实际高度换算成钢梁上翼缘的折算高度:

$$y_s = \frac{A_{wt}\sigma_{yw}}{2b_f\sigma_{yf}} + \frac{b_e\sigma_c(h_c - c)}{4b_f\sigma_{yf}} \tag{8.57}$$

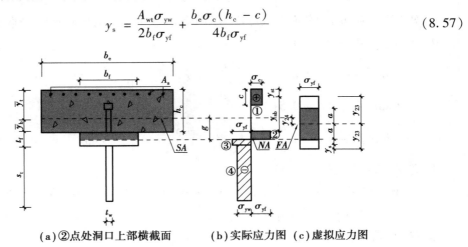

（a）②点处洞口上部横截面　（b）实际应力图　（c）虚拟应力图

图8.13　中性轴NA在钢梁上翼缘时洞口②处区域应力分布图

②虚拟应力图中假想面积平分轴位置:

$$y_{23} = \frac{N_{plt}}{2b_f\sigma_{yf}}$$

其中:　　　　　　　　$N_{plt} = A_c\sigma_c + A_{ft}\sigma_{yf} + A_{wt}\sigma_{yw}$ 　　　　　（8.58）

③计算形心轴(SA)到面积平分轴(FA)的距离:

$$y_{24} = y_s + t_f + \bar{y}_b - y_{23} \tag{8.59}$$

④无量纲轴力 $n_t = \dfrac{N}{N_{plt}} = \dfrac{2ab_f\sigma_{yf}}{N_{plt}}$ 则：

$$a = \frac{n_t N_{plt}}{2b_f\sigma_{yf}} = n_t y_{23} \tag{8.60}$$

⑤形心轴(SA)至中性轴(NA)的距离：

$$g = y_{24} + a = y_{24} + n_t y_{23} \tag{8.61}$$

⑥截面上各部分应力图①②③④的合力对形心轴(SA)取矩得次弯矩函数 M_{22}：

$$M_{22} = M_1 - M_2 + M_3 + M_4$$

$$= b_e\sigma_c \frac{\bar{y}_t^2 - (\bar{y}_t - c)^2}{2} - b_f\sigma_{yf} \frac{g^2 - \bar{y}_b^2}{2} + b_f\sigma_{yf} \frac{(t_f + \bar{y}_b)^2 - g^2}{2} + t_w s_t \sigma_{yw}(\bar{y}_b + t_f + 0.5s_t)$$

$$= -b_f\sigma_{yf}g^2 + b_f\sigma_{yf} \frac{\bar{y}_b^2 + (\bar{y}_b + t_f)^2}{2} + b_e\sigma_c \frac{\bar{y}_t^2 - (\bar{y}_t - c)^2}{2} + t_w s_t \sigma_{yw}(\bar{y}_b + t_f + 0.5s_t)$$

$$\tag{8.62}$$

将式(8.61)代入式(8.62)得：

$$M_{22} = -b_f\sigma_{yf}(n_t y_{23} + y_{24})^2 + 0.5b_f\sigma_{yf}[(\bar{y}_b + t_f)^2 + \bar{y}_b^2] + 0.5b_e\sigma_c[\bar{y}_t^2 - (\bar{y}_t - c)^2] + t_w s_t \sigma_{yw}(\bar{y}_b + t_f + 0.5s_t) \tag{8.63}$$

将 M_{22} 写成关于 n_t 的二次函数得：

$$M_{22} = -b_f\sigma_{yf}y_{23}^2 n_t^2 + 2b_f\sigma_{yf}y_{23}y_{24}n_t + M'_{22} \tag{8.64}$$

其中：

$$M'_{22} = -b_f\sigma_{yf}y_{24}^2 + 0.5b_f\sigma_{yf}[(\bar{y}_b + t_f)^2 + \bar{y}_b^2] + 0.5b_e\sigma_c[\bar{y}_t^2 - (\bar{y}_t - c)^2] + t_w s_t \sigma_{yw}(\bar{y}_b + t_f + 0.5s_t) \tag{8.65}$$

情况二：中性轴(NA)位于钢梁腹板，此时有：

$$y_{25} - s_t \leq a \leq y_{25} \text{ 或 } \frac{y_{25} - s_t}{y_{25}} \leq n_t \leq 1$$

当中性轴(NA)在钢梁腹板中时，截面上的应力分布如图 8.14 所示。

①虚拟应力图中假想面积平分轴：

$$y_{25} = \frac{N_{plt} - A_c\sigma_c}{2t_w\sigma_{yw}} \tag{8.66}$$

②计算形心轴(SA)到面积平分轴(FA)的距离：

$$y_{26} = y_{25} - s_t - t_f - \bar{y}_b \tag{8.67}$$

③无量纲轴力 $n_t = \dfrac{N}{N_{plt} - A_c\sigma_c} = \dfrac{2at_w\sigma_{yw}}{N_{plt} - A_c\sigma_c}$ 则：

$$a = \frac{n_t(N_{plt} - A_c\sigma_c)}{2t_w\sigma_{yw}} = n_t y_{25} \tag{8.68}$$

④形心轴(SA)至中性轴(NA)的距离：

$$g = a - y_{26} = -y_{26} + n_t y_{25} \tag{8.69}$$

⑤截面上各部分应力图①②③④的合力对形心轴(SA)取矩得次弯矩函数 M_{23}：

$$M_{23} = M_1 - M_2 - M_3 + M_4$$

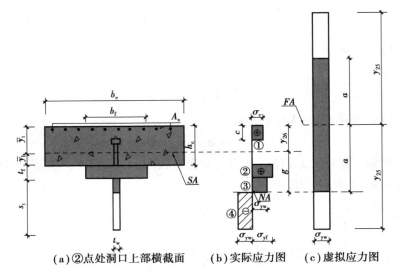

(a) ②点处洞口上部横截面　　**(b) 实际应力图**　　**(c) 虚拟应力图**

图8.14　中性轴 NA 在钢梁腹板时洞口②处区域应力分布图

$$= b_e \sigma_c \frac{\bar{y}_t^2 - (\bar{y}_t - c)^2}{2} - b_f \sigma_{yf} \frac{(t_f + \bar{y}_b)^2 - \bar{y}_b^2}{2} - t_w \sigma_{yw} \frac{g^2 - (t_f + \bar{y}_b)^2}{2} +$$

$$t_w \sigma_{yw} \frac{(\bar{y}_b + t_f + s_t)^2 - g^2}{2}$$

$$= - t_w \sigma_{yw} g^2 + b_e \sigma_c \frac{\bar{y}_t^2 - (\bar{y}_t - c)^2}{2} - b_f \sigma_{yf} \frac{(t_f + \bar{y}_b)^2 - \bar{y}_b^2}{2} +$$

$$t_w \sigma_{yw} \frac{(\bar{y}_b + t_f + s_t)^2 + (t_f + \bar{y}_b)^2}{2} \tag{8.70}$$

将式(8.69)代入式(8.70)得:

$$M_{23} = - t_w \sigma_{yw} (n_t y_{25} - y_{26})^2 + 0.5 b_e \sigma_c [\bar{y}_t^2 - (\bar{y}_t - c)^2] - b_f t_f \sigma_{yf} (\bar{y}_b + 0.5 t_f) +$$

$$0.5 t_w \sigma_{yw} [(\bar{y}_b + t_f)^2 + (\bar{y}_b + t_f + s_t)^2] \tag{8.71}$$

将 M_{23} 写成关于 n_t 的二次函数得:

$$M_{23} = - t_w \sigma_{yw} y_{25}^2 n_t^2 + 2 t_w \sigma_{yw} y_{25} y_{26} n_t + M_{23}' \tag{8.72}$$

其中:

$$M_{23}' = - t_w \sigma_{yw} y_{26}^2 + 0.5 b_e \sigma_c [\bar{y}_t^2 - (\bar{y}_t - c)^2] - b_f t_f \sigma_{yf} (\bar{y}_b + 0.5 t_f) +$$

$$0.5 t_w \sigma_{yw} [(\bar{y}_b + t_f)^2 + (\bar{y}_b + t_f + s_t)^2] \tag{8.73}$$

8.4.3.3　洞口角点③次弯矩函数 M_3

洞口角点③处承受负的轴力和正的次弯矩,因此,中性轴(NA)只可能从面积平分轴(FA)向钢梁下翼缘底部移动,如图8.15所示。从而次弯矩函数只由一段函数构成。

中性轴(NA)位于钢梁下翼缘,此时有:

$$0 \leqslant a \leqslant y_{31} - y_{3s} \text{ 或 } 0 \leqslant n_b \leqslant \frac{y_{31} - y_{3s}}{y_{31}}$$

当中性轴(NA)在钢梁下翼缘中时,截面应力分布如图8.16所示。

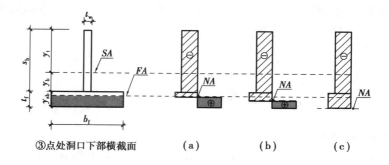

③点处洞口下部横截面　　（a）　　　　（b）　　　　（c）

图 8.15　中性轴 NA 在洞口③处区域应力分布图

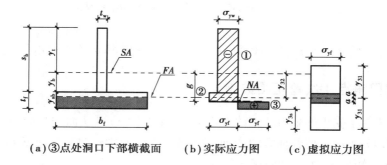

（a）③点处洞口下部横截面　（b）实际应力图　（c）虚拟应力图

图 8.16　中性轴 NA 在钢梁下翼缘时洞口③处区域应力分布图

①计算洞口下方截面的形心轴位置 y_{sb}：

$$y_{sb} = \frac{0.5 b_f t_f^2 \sigma_{yf} + A_{wb} \sigma_{yw} (t_f + 0.5 s_b)}{A_{fb} \sigma_{yf} + A_{wb} \sigma_{yw}} \tag{8.74}$$

$$y_b = y_{sb} - t_f \tag{8.75a}$$

$$y_t = s_b - y_b \tag{8.75b}$$

②由于中性轴（NA）在翼缘内，为使虚拟应力图的假想面积平分轴与实际截面面积平分轴的位置相同，将洞口上、下截面最大塑性轴力差换算成钢梁翼缘的折算高度：

$$y_{3s} = \frac{N_{plt} - N_{plb}}{2 b_f \sigma_{yf}} \tag{8.76}$$

其中：$N_{plb} = A_{fb} \sigma_{yf} + A_{wb} \sigma_{yw}$ 为洞口下方钢梁截面的最大塑性轴力。

③虚拟应力图中假想面积平分轴：

$$y_{31} = \frac{N_{plt}}{2 b_f \sigma_{yf}} \tag{8.77}$$

④计算形心轴（SA）到面积平分轴（FA）的距离：

$$y_{32} = y_{sb} + y_{3s} - y_{31} \tag{8.78}$$

⑤无量纲轴力 $n_b = \dfrac{N}{N_{plt}} = \dfrac{2 a b_f \sigma_{yf}}{N_{plt}}$，则：

$$a = \frac{n_b N_{plt}}{2 b_f \sigma_{yf}} = n_b y_{31} \tag{8.79}$$

⑥形心轴（SA）至中性轴（NA）的距离：

$$g = y_{32} + a = y_{32} + n_b y_{31} \tag{8.80}$$

⑦截面上各部分应力图①②③④的合力对形心轴（SA）取矩得次弯矩函数 M_{31}：

$$M_{31} = M_1 + M_2 - M_3$$

$$= - b_{\mathrm{f}}\sigma_{\mathrm{yf}}\frac{g^2 - y_{\mathrm{b}}^2}{2} + t_{\mathrm{w}}\sigma_{\mathrm{yw}}\frac{y_{\mathrm{t}}^2 - y_{\mathrm{b}}^2}{2} + b_{\mathrm{f}}\sigma_{\mathrm{yf}}\frac{y_{\mathrm{sb}}^2 - g^2}{2}$$

$$= t_{\mathrm{w}}\sigma_{\mathrm{yw}}\frac{y_{\mathrm{t}}^2 - y_{\mathrm{b}}^2}{2} + b_{\mathrm{f}}\sigma_{\mathrm{yf}}\frac{y_{\mathrm{sb}}^2 + y_{\mathrm{b}}^2}{2} - b_{\mathrm{f}}\sigma_{\mathrm{yf}}g^2 \tag{8.81}$$

将 $g = y_{32} + a = y_{32} + n_{\mathrm{b}}y_{31}$ 代入上式得：

$$M_{31} = - b_{\mathrm{f}}\sigma_{\mathrm{yf}}(y_{32} + n_{\mathrm{b}}y_{31})^2 + 0.5 t_{\mathrm{w}}\sigma_{\mathrm{yw}}(y_{\mathrm{t}}^2 - y_{\mathrm{b}}^2) + 0.5 b_{\mathrm{f}}\sigma_{\mathrm{yf}}(y_{\mathrm{b}}^2 + y_{\mathrm{sb}}^2) \tag{8.82}$$

将 M_{31} 写成关于 n_{b} 的二次函数得：

$$M_{31} = - b_{\mathrm{f}}\sigma_{\mathrm{yf}}y_{31}^2 n_{\mathrm{b}}^2 - 2 b_{\mathrm{f}}\sigma_{\mathrm{yf}}y_{31}y_{32}n_{\mathrm{b}} + M'_{31} \tag{8.83}$$

其中：

$$M'_{31} = - b_{\mathrm{f}}\sigma_{\mathrm{yf}}y_{32}^2 + 0.5 t_{\mathrm{w}}\sigma_{\mathrm{yw}}(y_{\mathrm{t}}^2 - y_{\mathrm{b}}^2) + 0.5 b_{\mathrm{f}}\sigma_{\mathrm{yf}}(y_{\mathrm{b}}^2 + y_{\mathrm{sb}}^2) \tag{8.84}$$

8.4.3.4　洞口角点④次弯矩函数 M_4

洞口角点④处承受正的轴力和正的次弯矩，中性轴（NA）可从面积平分轴（FA）向腹板上部移动，如图 8.17 所示。随着轴力的增加，中性轴（NA）顺次经过钢梁下翼缘和钢梁腹板两个区域，从而次弯矩函数 M_4 由两段函数构成。

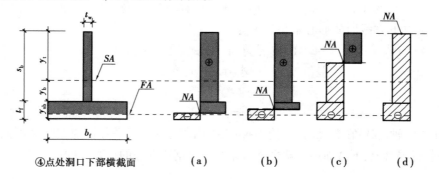

④点处洞口下部横截面　　　（a）　　　（b）　　　（c）　　　（d）

图 8.17　中性轴 NA 在洞口④处区域应力分布图

情况一：中性轴（NA）位于钢梁下翼缘，此时有：

$$0 \leqslant a \leqslant y_{42} - y_{\mathrm{b}} \text{ 或 } 0 \leqslant n_{\mathrm{b}} \leqslant \frac{y_{42} - y_{\mathrm{b}}}{y_{42}}$$

当中性轴（NA）在钢梁下翼缘中时，截面上的应力分布如图 8.18 所示。

①由于中性轴（NA）在钢梁下翼缘中，将洞口上、下方截面的最大塑性轴力差换算成翼缘的折算高度：

$$y_{4\mathrm{f}} = \frac{N_{\mathrm{plt}} - N_{\mathrm{plb}}}{2 b_{\mathrm{f}}\sigma_{\mathrm{yf}}} \tag{8.85}$$

②假想面积平分轴：

$$y_{41} = \frac{N_{\mathrm{plt}}}{2 b_{\mathrm{f}}\sigma_{\mathrm{yf}}} \tag{8.86}$$

③计算形心轴（SA）到面积平分轴（FA）的距离：

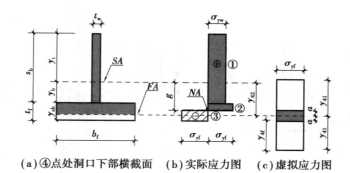

(a)④点处洞口下部横截面　**(b)实际应力图**　**(c)虚拟应力图**

图 8.18　中性轴 NA 在钢梁下翼缘时洞口④处区域应力分布图

$$y_{42} = y_{sb} + y_{4f} - y_{41} \tag{8.87}$$

④无量纲轴力 $n_b = \dfrac{N}{N_{plt}} = \dfrac{2ab_f\sigma_{yf}}{N_{plt}}$，则：

$$a = \frac{n_b N_{plt}}{2b_f\sigma_{yf}} = n_b y_{41} \tag{8.88}$$

⑤形心轴(SA)至中性轴(NA)的距离：

$$g = y_{42} - a = y_{42} - n_b y_{41} \tag{8.89}$$

⑥截面上各部分应力图①②③的合力对形心轴(SA)取矩得次弯矩函数 M_{41}：

$$
\begin{aligned}
M_{41} &= M_1 - M_2 + M_3 \\
&= -b_f\sigma_{yf}\frac{g^2 - y_b^2}{2} + t_w\sigma_{yw}\frac{y_t^2 - y_b^2}{2} + b_f\sigma_{yf}\frac{y_{sb}^2 - g^2}{2} \\
&= t_w\sigma_{yw}\frac{y_t^2 - y_b^2}{2} + b_f\sigma_{yf}\frac{y_{sb}^2 + y_b^2}{2} - b_f\sigma_{yf}g^2
\end{aligned}
\tag{8.90}
$$

将 $g = y_{42} - a = y_{42} - n_b y_{41}$ 代入上式得：

$$M_{41} = -b_f\sigma_{yf}(y_{42} - n_b y_{41})^2 + 0.5t_w\sigma_{yw}(y_t^2 - y_b^2) + 0.5b_f\sigma_{yf}(y_b^2 + y_{sb}^2) \tag{8.91}$$

将 M_{41} 写成关于 n_b 的二次函数得：

$$M_{41} = -b_f\sigma_{yf}y_{41}^2 n_b^2 + 2b_f\sigma_{yf}y_{41}y_{42}n_b + M'_{41} \tag{8.92}$$

其中：

$$M'_{41} = -b_f\sigma_{yf}y_{42}^2 + 0.5t_w\sigma_{yw}(y_t^2 - y_b^2) + 0.5b_f\sigma_{yf}(y_b^2 + y_{sb}^2) \tag{8.93}$$

情况二：中性轴(NA)位于钢梁腹板，此时有：

$$y_{44} - y_b \leqslant a \leqslant y_{44} + y_t \quad \text{或} \quad \frac{y_{44} - y_b}{y_{43}} \leqslant n_b \leqslant \frac{y_{44} + y_t}{y_{43}}$$

当中性轴(NA)在钢梁腹板中时，截面上的应力分布如图 8.19 所示。

①将洞口上下方截面最大塑性轴力差换算成钢梁腹板的折算高度：

$$y_{4s} = \frac{N_{plt} - N_{plb}}{2t_w\sigma_{yw}} \tag{8.94}$$

②假想面积平分轴：

$$y_{43} = \frac{N_{plt}}{2t_w\sigma_{yw}} \tag{8.95}$$

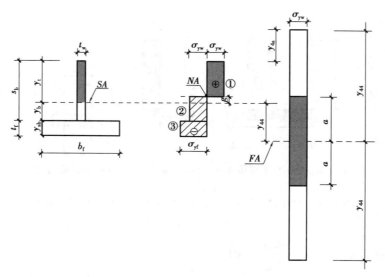

（a）④点处洞口下部横截面　（b）实际应力图　（c）虚拟应力图

图 8.19　中性轴 *NA* 在钢梁腹板时洞口④处区域应力分布图

③计算形心轴（*SA*）到面积平分轴（*FA*）的距离：

$$y_{44} = y_{43} - y_{4s} - y_t \tag{8.96}$$

④无量纲轴力 $n_b = \dfrac{N}{N_{plt}} = \dfrac{2at_w\sigma_{yw}}{N_{plt}}$，则：

$$a = \frac{n_b N_{plt}}{2t_w \sigma_{yw}} = n_b y_{43} \tag{8.97}$$

⑤形心轴（*SA*）至中性轴（*NA*）的距离：

$$g = a - y_{44} = -y_{44} + n_b y_{43} \tag{8.98}$$

⑥截面上各部分应力图①②③的合力对形心轴（*SA*）取矩得次弯矩函数 M_{42}：

$$M_{42} = M_1 + M_2 + M_3$$

$$= t_w \sigma_{yw} \frac{y_t^2 - g^2}{2} + t_w \sigma_{yw} \frac{y_b^2 - g^2}{2} + b_f \sigma_{yf} \frac{y_{sb}^2 - y_b^2}{2}$$

$$= t_w \sigma_{yw} \frac{y_t^2 + y_b^2}{2} + b_f \sigma_{yf} \frac{y_{sb}^2 - y_b^2}{2} - t_w \sigma_{yw} g^2 \tag{8.99}$$

将 $g = a - y_{44} = -y_{44} + n_b y_{43}$ 代入上式得：

$$M_{42} = -t_w \sigma_{yw}(n_b y_{43} - y_{44})^2 + 0.5 t_w \sigma_{yw}(y_t^2 + y_b^2) + 0.5 b_f \sigma_{yf}(y_{sb}^2 - y_b^2) \tag{8.100}$$

将 M_{42} 写成关于 n_b 的二次函数，得：

$$M_{42} = -t_w \sigma_{yw} y_{43}^2 n_b^2 + 2t_w \sigma_{yw} y_{43} y_{44} n_b + M'_{42} \tag{8.101}$$

其中：
$$M'_{42} = -t_w \sigma_{yw} y_{44}^2 + 0.5 t_w \sigma_{yw}(y_t^2 + y_b^2) + 0.5 b_f \sigma_{yf}(y_{sb}^2 - y_b^2) \tag{8.102}$$

8.4.4　洞口角点次弯矩函数的应用

在 8.4.3 节中推导了洞口位于连续组合梁负弯矩区的 4 个次弯矩 $M_i (i = 1, 2, 3, 4)$ 计算公式,该公式即可以用来计算负弯矩区洞口截面角点处的塑性极限承载力,也可以用来进行当洞口同一截面上下两个角点相互影响(或称为有耦合作用)时的承载力计算。为了说明次弯矩函数的相关应用,本书设计编号为 T_1 的负弯矩区腹板开洞连续组合梁试件,如图 8.20 所示。人们对其负弯矩区洞口承载力进行了理论分析。

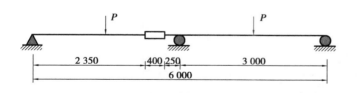

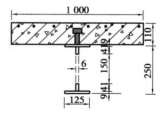

(a)计算简图　　　　　　　　　　　(b)洞口区域横截面尺寸

混凝土抗压强度:$\sigma_c = 2.1 \ \text{N/mm}^2$

钢梁翼缘:$\sigma_{yw} = 24 \ \text{N/mm}^2$　　　　钢筋:$\sigma_s = 21 \ \text{N/mm}^2$　　　洞口宽度 b_0:400 mm

钢梁腹板:$\sigma_{yf} = 24 \ \text{N/mm}^2$　　　　钢筋面积:$A_s = 9.04 \ \text{cm}^2$　　洞口高度 h_0:150 mm

图 8.20　T_1 试件几何尺寸和材料参数

8.4.4.1　轴力-次弯矩-剪力相关曲线

有了组合梁负弯矩区洞口处 4 个角点处的次弯矩函数 $M_i(i=1,2,3,4)$,就可以通过编程计算出洞口区域各截面次弯矩-轴力相关曲线以及轴力-剪力的相关曲线,如果给定一轴力 (N),就可以求出对应截面的总弯矩 M_g(总弯矩为主弯矩和次弯矩的叠加)和总剪力 V_t(总剪力为洞口处上方角点剪力和下方角点剪力的叠加)。试件 T_1 负弯矩区洞口处的轴力-次弯矩曲线和轴力-剪力相关曲线如图 8.21 和图 8.22 所示。

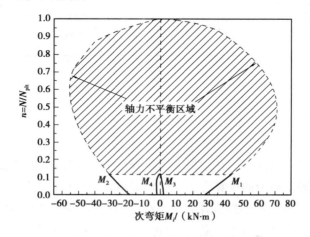

图 8.21　轴力-次弯矩相关曲线

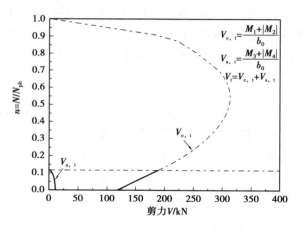

图 8.22　轴力-剪力相关曲线

8.4.4.2　理论结果与有限元结果验证

为了验证理论计算结果的精确度,本书对 T_1 试件(图 8.20)的负弯矩区洞口承载力进行了理论和有限元 ANSYS 对比分析,计算结果见表 8.2。对比结果显示,理论解与有限元解计算结果吻合良好,计算误差能够满足工程上的精度要求。

表 8.2　负弯矩区洞口承载力理论与有限元结果对比

T_1	V_t/kN	$M_g/(\text{kN·m})$	
理论解	124.52	22.05	连续组合梁负弯矩区洞口截面内力示意图
ANSYS	113.48	21.17	

8.5　小　结

本章首先介绍了塑性设计方法在腹板无洞组合梁中的应用,然后简要介绍了几种腹板开洞组合梁洞口截面极限承载力的计算方法。针对洞口处发生剪切破坏的组合梁(洞口 4 个角点形成塑性铰),推导了负弯矩区腹板开洞连续组合梁洞口处的极限承载力计算公式,为负弯矩区组合梁的设计提供了理论参考。最后,通过一计算实例介绍了次弯矩函数在腹板开洞组合梁中的应用。另外,根据推导的次弯矩函数表达式,本书给出了负弯矩区洞口处的弯矩-轴力-剪力的相关曲线,通过三者的相互关系曲线可以很容易地求得洞口处所承担的总弯矩 M_g 和总剪力 V_t。通过有限元和理论计算分析表明,所得公式的准确性符合工程实际要求,可用来验算组合梁洞口处的极限承载力。

第 9 章
结论与展望

9.1 本书工作内容和结论

本书通过试验、有限元及相关理论分析,对腹板开洞连续组合梁的受力及承载力性能、塑性铰及内力重分布、承载力影响参数、内力重分布影响参数、连续组合梁洞口补强方法以及负弯矩区洞口的塑性承载力计算等方面进行了相关研究和分析。将腹板开洞组合梁扩展到连续组合梁,进一步完善和拓展了腹板开洞组合梁的相关研究内容。

本书完成的工作内容和主要结论如下所述。

9.1.1 受力及承载力性能

通过 5 根腹板开洞连续组合梁和 1 根腹板无洞连续组合梁的两点对称集中加载试验,对腹板开洞连续组合梁的竖向抗剪性能进行了研究,得到以下结论:

①连续组合梁腹板开洞后明显降低了洞口跨的承载能力和变形能力,带洞处的破坏为剪切破坏,表现为洞口左侧或右侧上方混凝土板的斜裂缝受剪破坏。

②试验结果表明增加混凝土板的厚度可增大抗剪承载力,但变形能力几乎不变;横向配筋率增加却几乎不提高连续组合梁的抗剪承载力,但可增加变形能力。

③洞口处剪切变形和界面滑移的影响使洞口沿截面高度的应变呈 S 形或倒 S 形曲线,混凝土板与钢梁连接的界面处滑移明显,平截面假定不再适应连续组合梁的洞口区域。

④连续组合梁腹板开洞后洞口区域的挠曲变形增大,沿洞口长度成直线型。极限状态时洞口跨实测的最大挠度比无洞跨的最大挠度大 70% ~75% 。

⑤由于洞口挖去了大部分承担剪力的腹板面积,剪力主要通过洞口上方的混凝土板来承担,其占总剪力的 85% ~90% ,因此,如何提高洞口区域混凝土板的抗剪承载力和变形能力则成为解决问题的关键,其余梁段的截面剪力分布几乎不受开洞的影响。

9.1.2　塑性铰及内力重分布

通过 5 根腹板开洞连续组合梁和 1 根腹板无洞连续组合梁的两点对称集中加载试验,对腹板开洞连续组合梁的塑性铰及内力重分布性能进行了研究,得到以下结论:

①腹板开洞连续组合梁理论上可出现 5 种独立的破坏机构。洞口 4 个角点处的部分截面内出现弯矩铰,相当于整个截面上的一个剪力铰,试验梁 CCB-2 ~ CCB-6 均由于洞口处混凝土板斜截面破坏而丧失承载力,属于典型的剪切破坏,即本书在第 3 章中提出的第⑤类机构类型。

②洞口区域钢梁截面呈现明显的 S 形应变分布,平截面假定不再适用于洞口区域。

③开洞组合梁的弯矩重分布远大于不开洞的组合梁,在弹性有洞和无洞对比时,开洞连续组合梁的支座弯矩有 17% ~ 20% 的减小,出现塑性后支座弯矩又有 52% ~ 62% 的减小。

④开洞组合梁在洞口区域还存在由下至上的剪力重分布,最终导致混凝土板承担了绝大部分的剪力。因此,提高洞口上方混凝土板的抗剪承载力成为提高开洞连续组合梁承载力的关键。

9.1.3　承载力影响参数

以 6 根试验连续梁为基础,以工程中常见的矩形洞口为研究对象,另外设计了 C、D、E、F、G 5 组共 12 根连续组合梁试件进行有限元数值模拟计算,对腹板开洞连续组合梁受力及承载力的几个主要影响参数进行了比较全面的对比分析。所选取的影响参数分别为混凝土板厚、洞口宽度、洞口高度、洞口位置、洞口偏心和多洞口(双洞)等。研究内容为组合梁的承载能力和变形能力、洞口区剪力分担以及钢梁底部纵向应变等。通过分析研究得出如下主要结论:

①增加混凝土板的厚度能够提高组合梁极限承载能力,但对变形能力影响不大。

②增加混凝土板中的纵向配筋率能够大幅度地提高组合梁变形能力,但对承载能力的提高不大。

③随着组合梁洞口宽度的不断增加,连续组合梁的承载能力不断降低,而且组合梁的变形能力有所下降,但降低幅度不大。

④洞口高度减小会提高组合梁的承载能力,组合梁的变形能力则有所下降,但降低幅度也不大。

⑤洞口位置对腹板开洞连续组合梁的受力及承载能力有比较大的影响。洞口位置变化能够在连续组合梁中形成不同的塑性机构,从而具有不同的受力特性。洞口设置在两集中加载点之外对腹板开洞连续组合梁的受力比较有利。

⑥洞口偏心能够在一定程度上提高腹板开洞连续组合梁的变形能力和承载能力。

⑦当连续组合梁的钢梁腹板开有多个洞口时,洞口间距越大,对组合梁的受力越有利。通过本书的研究得出:当洞口净距大于两倍的洞口宽度时($d_{0,1} = 2b_0$),可不考虑洞口之间的耦合作用。

9.1.4　内力重分布影响参数

通过对 6 根连续组合梁进行试件试验和 9 根腹板开洞连续组合梁进行非线性有限元模拟计算,对影响腹板开洞连续组合梁内力重分布特性的影响因素进行了相关研究,研究的变化参数为混凝土翼板厚度、混凝土板纵向配筋率、洞口宽度、洞口高度、洞口位置和洞口偏心等。通过对比分析得出以下结论:

①增加混凝土板厚可使组合梁的承载力和刚度得到提高,塑性发展较晚,从而由塑性发展引起的第二次弯矩调幅变小。

②配筋率的增加能够大幅提高连续组合梁的变形能力,在提高组合梁刚度的同时使组合梁较晚进入塑性,使弯矩调幅有减小趋势,而变形能力增加则使塑性调幅有增大趋势,两者共同作用则使塑性调幅表现出先降后升的趋势。

③随着洞口宽度的增加,组合梁的刚度和承载能力降低,由洞口引起的跨中第一次弯矩减少幅度逐渐增加,由塑性发展引起的第二次弯矩减少幅度逐渐增大。

④随着洞口高度的增加,组合梁的刚度和承载能力降低,由洞口引起的跨中弯矩调幅逐渐增加,由塑性发展引起的塑性弯矩调幅则逐渐增大。

⑤洞口位置对腹板开洞连续组合梁的内力重分布有较大的影响。洞口位置变化在连续组合梁中形成不同的塑性机构,从而具有不同的弯矩调幅。另外还发现,洞口设置在两集中加载点之外对腹板开洞连续组合梁的受力比较有利。

⑥无论洞口是上偏心还是下偏心,由洞口引起的第一次弯矩调幅都小于洞口无偏心时的弯矩调幅;由塑性发展引起的第二次弯矩调幅也小于洞口无偏心时的弯矩调幅。

9.1.5　洞口补强方法

提出 6 种针对腹板开洞连续组合梁的洞口加劲肋补强方法。通过对不同加强方式的连续组合梁进行非线性有限元分析得出如下结论:

①组合梁洞口设置加劲肋进行补强之后,组合梁的刚度、承载能力和变形能力都得到一定程度的提高。

②组合梁洞口处设置加劲肋能够有效缓解洞口角点处的应力集中现象。

③除了传统的洞口补强措施之外,本书提出还可以使用圆弧形和倒 V 形加劲肋进行洞口补强,这是因为根据桁架模型理论,圆弧形加劲肋和倒 V 形加劲肋的传力机制明确,受力模式合理,符合力的最小传递路径原则,结构效率最高。

9.1.6　负弯矩区洞口的塑性承载力

介绍了塑性设计方法在腹板开洞组合梁中的发展和应用,然后简要介绍了腹板无洞组合梁危险截面极限承载力的计算公式。针对洞口处发生剪切破坏的组合梁(洞口 4 个角点形成塑性铰),通过推导负弯矩区腹板开洞连续组合梁洞口处的极限承载力计算公式,为负弯矩区组合梁的设计提供了理论参考。最后,通过一个计算实例介绍了次弯矩函数在腹板开洞组合梁中的应用。另外,根据推导的次弯矩函数式,本书给出了负弯矩区洞口处的弯矩-轴力-剪力的相关曲线,通过三者的相互关系曲线可以很容易地求得洞口处所承担的总弯矩 M_g 和总剪力 V_g。

9.2 工作建议与展望

腹板开洞组合梁在土木工程中的研究与应用越来越广泛,而且国内外对腹板开洞组合梁的研究也已经取得了相当丰硕的成果。但是,对腹板开洞连续组合梁的研究工作还相对欠缺,研究内容还有待继续深入,许多问题还需要开展进一步的试验与理论研究,现总结如下:

①由于洞口大小、位置、形状等参数对腹板开洞连续组合梁内力重分布都有一定的影响,对上述参数影响下连续组合梁的调幅范围的确定还需要进行大量的试验研究和理论分析。

②腹板开洞连续组合梁首先形成的塑性铰的转动能力有多大,对后续塑性铰的形成有多大程度的影响,以及后续塑性铰的出现位置等仍是未来研究的重点问题。

③目前,国内外对腹板开洞组合梁的研究无论是简支组合梁还是连续组合梁,基本上是以单一洞口为研究对象,得到的结论能否适应腹板开多洞口的组合梁还有待进一步研究。

④对腹板开多洞口组合梁来说,两洞口之间的相互作用对组合梁承载力及内力重分布的影响也有待继续深入研究。

⑤对腹板开洞连续组合梁的动力性能目前还未见相关报道,还需要科技工作者进行深入的研究。

参 考 文 献

［1］ 王连广. 钢与混凝土组合结构理论与计算［M］. 北京:科学出版社,2005.

［2］ 劳埃·扬. 钢-混凝土组合结构设计［M］. 上海:同济大学出版社,1991.

［3］ Johnson R P. Composite structures of steel and concrete beams,slabs,columns,and frames for buildings.［M］. 3th ed. Oxford:Blackwell Scientific,2004.

［4］ 刘坚,周东华,王文达. 钢-混凝土组合结构设计原理［M］. 北京:科学出版社,2005.

［5］ 张培信. 钢-混凝土组合结构设计［M］. 上海:上海科学技术出版社,2004.

［6］ 聂建国. 钢-混凝土组合梁结构:试验、理论与应用［M］. 北京:科学出版社,2005.

［7］ 朱聘儒. 钢-混凝土组合梁设计原理［M］. 北京:中国建筑工业出版社,2006.

［8］ 周东华,孙丽莉,樊江,等. 组合梁挠度计算的新方法-有效刚度法［J］. 西南交通大学学报,2011,46(4):541-546.

［9］ GB 50017—2003. 钢结构设计规范［M］. 北京:中国计划出版社,2003.

［10］ Darwin D. Steel and composite beams with web openings:design of steel and composite beams with web openings［M］. American Institute of Steel Construction,1990.

［11］ 姚振刚,刘祖华. 建筑结构试验［M］. 上海:同济大学出版社,1996.

［12］ 陈绍蕃. 钢结构设计原理［M］. 3 版. 北京:科学出版社,2005.

［13］ 钢及钢产品力学性能试验取样位置及试样制备 GB/T 2975—1998［S］. 北京:中国标准出版社,1998.

［14］ 金属拉伸试验方法 GB/T 228—2002［S］. 北京:中国标准出版社,2002.

［15］ 普通混凝土力学性能试验方法标准［S］. 北京:中国标准出版社,2003.

［16］ AISC-LRFD-1994. Load and resistance factor design specifications for structural steel buildings［M］. Chicago:American Institute of Steel Construction,1994.

［17］ Eurocode 4. Design of composite steel and concrete structures,Part 1. 1:General rules and rules for buildings ［M］. Brussels,Belgium:European Committee for Standardization (CEN),1994.

［18］ 李辉煌. ANSYS 工程分析——基础与观念 ［M］. 台北:高立出版集团,2005.

［19］ 康清梁. 钢筋混凝土有限元分析［M］. 北京:中国水利水电出版社,1996.

[20] 樊健生. 钢与混凝土连续组合梁性能及试验研究[D]. 北京:清华大学,2003.

[21] 王鹏. 腹板开洞钢-混凝土组合梁试验研究与理论分析[D]. 昆明:昆明理工大学,2012.

[22] GB 50010—2010 混凝土结构设计规范[S]. 北京:中国建筑工业出版社,2010.

[23] 陈惠发. 土木工程材料的本构方程:第二卷·塑性与建模[M]. 余天庆,王勋文,等,译. 武汉:华中科技大学出版社,2009.

[24] 莱昂哈特,门尼希. 钢筋混凝土结构配筋原理[M]. 程积高,译. 北京:水利电力出版社,1984.

[25] 高层民用建筑钢结构技术规程[S]. 北京:中国建筑工业出版社,1998.

[26] 高层民用建筑混凝土结构技术规程[S]. 北京:中国建筑工业出版社,2002.